图解心理学

[美] 格雷迪·克莱恩（Grady Klein） 著
[美]丹尼·奥本海默（Danny Oppenheimer）

徐玥 郭景瑶 译

電子工業出版社.
Publishing House of Electronics Industry
北京·BEIJING

Psychology: The Comic Book Introduction

Copyright © 2018 by Grady Klein and Danny Oppenheimer

Simplified Chinese translation copyright © 2019 by Publishing House of Electronics Industry Co., Ltd

This edition published by arrangement with W. W. Norton & Company, Inc. through Bardon-Chinese Media Agency

All rights reserved.

本书中文简体版专有翻译出版权授予电子工业出版社。未经许可，不得以任何手段和形式复制或抄袭本书的任何部分。

版权贸易合同登记号　图字：01-2018-4654

图书在版编目（CIP）数据

图解心理学/（美）格雷迪·克莱恩（Grady Klein），（美）丹尼·奥本海默（Danny Oppenheimer）著；徐玥，郭景瑶译. —北京：电子工业出版社，2019.6
书名原文：PSYCHOLOGY: THE COMIC BOOK INTRODUCTION
ISBN 978-7-121-36286-6

Ⅰ.①图…　Ⅱ.①格…　②丹…　③徐…　④郭…　Ⅲ.①心理学—图解

Ⅳ.①B84-64

中国版本图书馆CIP数据核字（2019）第064531号

书　　　名：图解心理学

责任编辑：雷洪勤
印　　　刷：三河市双峰印刷装订有限公司
装　　　订：三河市双峰印刷装订有限公司
出版发行：电子工业出版社
　　　　　北京市海淀区万寿路173信箱　　　　邮编：100036
开　　　本：720×1000　1/16　　印张：14.5　　字数：232千字
版　　　次：2019年6月第1版
印　　　次：2019年6月第1次印刷
定　　　价：58.00元

凡所购买电子工业出版社图书有缺损问题，请向购买书店调换。若书店售缺，请与本社发行部联系，联系及邮购电话：（010）88254888，88258888。
质量投诉请发邮件至zlts@phei.com.cn，盗版侵权举报请发邮件至dbqq@phei.com.cn。
本书咨询联系方式：（010）88254210，influence@phei.com.cn，微信号：yingxianglibook。

献给安妮、利亚姆和本杰明。

——格雷迪·克莱恩（Grady Klein）

献给我的学生们，他们教会了我如何教心理学。

——丹尼·奥本海默（Danny Oppenheimer）

目录
CONTENTS

引言

什么是什么？

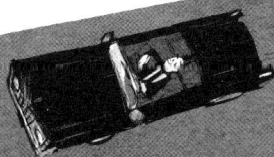

WHAT THE *@$&?

人生如此疯狂。

充满困惑……

刚刚怎么了？

……混乱……

为什么会这样？

……疑问……

刚才发生的
是真的吗？

……意外……

这样的事还会
再发生吗？

……并且所有这些，都难以捉摸。

你可能是一场意外
事件的受害者。

小心啊！

……和我们自己……

……以及其他人。

刚才吓坏
我了！

我知道。

这本书所讲述的就是我们为此是怎样做的。

我们乱中有序！

心理学是一门关于心灵、脑和行为的科学。

我们在想什么？

我们怎么想？

我们在做什么？

许多人认为心理学研究的是偏执妄想……

……童年创伤……

美国中央情报局正在监控我的思想！

说说你母亲的事情吧。

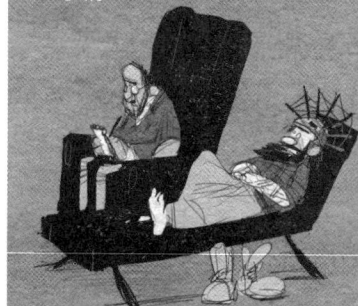

……药物……

……庭审……

……以及实验室小·白鼠。

你认真考虑过吃这种药吗？

法官大人，被告是一只有心智能力的小·狗。

听到铃声就给我跳个《小·苹果》。

这些都是心理学的组成部分，但只是一小·部分。

004

我们会慢慢了解到，
心理学涵盖所有的人类经验：

它关于爱……

……运动……

……音乐……

……身份……

……成长……

……悲伤……

……幽默……

……我……

……你……

……以及事物相互之间的一切。

从信任到怀疑。

从饥饿到暴饮暴食。

从歧视到包容。

从希望到绝望。

因为我们从经验中学习……

当他说爱我的时候，我是多么相信他啊。结果他却只是在利用我。

……我们都是业余心理学家。

那是因为他是个心理有问题的人。

我们总是以此评判自己……

……他人……

……并对一切做出解释。

他不爱我是因为我太胖了。

不，他不爱你是因为他是个蠢货！

你的心碎了，所以你感到如此不幸，而且你全身都淋湿了。

然而，我们的个人经验与这本书的内容……

……之间的差异……

我知道怎么让人开心！

呃，不好意思，虽然你觉得你行，但你不一定真的行。

阅读第85页你能了解更多内容。

……在于这本书的所有内容都来源于严格的实验研究。

我们不完全相信直觉，我们要做实验进行验证！

被试看起来很不高兴。

控制被试不变。

科学研究是很复杂的：

无论做什么研究……

……我们都必须保证在严格的控制下进行实验……

让物体触电时会发生什么呢？

它们会爆炸吗？

它们会发出难闻的味道吗？

我们要尽量保持实验室的干净整洁。

……并且我们要保证任何人的期望都不会影响实验结果……

……以及保证我们所做的是非伤害性的实验。

我真希望我的实验能成功。

我真希望她的实验能成功。

我们最好蒙住每个人的眼睛。

如果我们往空气中排放大量二氧化碳，气候会有什么变化呢？

我们能不做那样的实验吗？

但是在心理学中，因为我们的实验对象，也就是被试，是人……

……所以我们必须面对超乎想象的复杂性。

让人触电的话会发生什么呢？

人们会拒绝参加实验吧？

通电太恐怖了吧！

吓死宝宝了。

电击什么的让我很不爽。

在人类身上进行科学实验的巨大挑战是我们自身超乎想象的复杂性。

看我，看我。

再靠近一点，我会给你看你意想不到的东西。

你在看谁？

我们通过科学实验来检验真理……

……但是对于人类来说，几乎每一条真理都会遇到无数例外情况……

例如，捉弄人会让人生气吗？

我看什么都不顺眼！

我就喜欢被捉弄

……而且那些例外情况可能会毁掉我们的研究。

如果人群中还有很多自然变量……

……我们怎么才能知道我们通过捉弄引发了愤怒的反应……

……或者，对于一群可能以任何方式表达愤怒的人来说，他们刚刚发怒了？

我们可以通过几个步骤来解决这个问题。

首先，我们从想要研究的所有人群中随机抽取样本。

我们正在研究所有人的愤怒情绪……

……所以我们不应该只检验酒吧里的人……

……或者冥想练习室里的人。

我们要做的是像抓阄一样抓一些人。

其次，我们还要从随机样本中再随机抽取一部分样本……

……然后对这部分样本什么都不做。

你们是控制组……和其他组在各方面都是一样的。

接着，比较我们进行了实验的群体……

……与我们什么都没做的群体的实验结果……

此时此刻你有多生气？

……我们可以确定例外情况相互抵消了。

我总是很生气！

来玩我吧，宝贝儿。

两组中的例外情况刚好一样多。

我喜欢捉弄人。

你敢惹我？

这些步骤帮助我们的实验对人类的复杂性抽丝剥茧。

有了随机分配和控制条件，我们就可以利用统计学啦！

哦，棒棒哒！

但是，如果没有这些，心理学研究几乎就成了不可能的任务。

但是这本书可不是专门讲怎么做心理学实验的……

这些数据具有多重共线性问题，需要进行对数变换。

……也不是讲如何给大脑建模的。

她正在使用大脑前额叶来思考那些数据。

本书讲述的是我们如何度过我们的人生。

本书是写给任何一个人……

……或者说，不得不与人交往的人。

让我们从这里开始心理学之旅吧！

第一部分

认识世界

MAKING SENSE
OF THE WORLD

很显然，我们通过感官从外部世界获取信息。

但是，有时候
我们的感官却不那么靠谱……

……它们往往都是不靠谱的。

这个苹果难吃死了！

那是个洋葱。

那是因为我们认为我们所知觉到的东西……

……从来都不是那个东西的本来面目。

海市蜃楼！

事实上，那是许多心理加工作用的结果。

输入你大脑的除
了电信号什么都
没有……

……而你所意识到
的只是你对它们的
解释。

例如，当一束光射入我们的眼睛时，在大脑中产生了大量的电信号……

光波穿过瞳孔……

……然后通过晶状体上下翻转……

……激活视网膜上的视杆细胞或视锥细胞……

……通过视神经产生神经冲动。

……我们所知觉到的东西全部依赖于我们如何解释那些信号。

红色　蓝色　绿色

黑暗　光

边缘

明亮

来啦！

但是，我们的眼球所提供的信息量是远远不够的……

你的视网膜那么小，而且布满挡光的血管……

……它们也没法显示出你背后、旁边或者被遮挡的任何东西。

于是，我们的心灵就要为了弥补这些细节而持续工作着。

我们的心灵在所有杂乱无章的输入信息中创造出了知觉。

老板，我们应该认为这是个什么？

没时间管这个，就当是大脚怪吧。

所以，我们是怎样做的呢？

我们的心灵对知觉的构建主要依赖于情境。

这是什么？

那要看你在哪里找到它的。

例如，进入我们眼睛中的光线很少……

……我们可能就认为这是个黑暗的地方……

……或者我们可能在看一个黑色的东西。

但是，因为我们并没有足够的信息来证实到底什么是真的……

所以，到底是灯光暗还是裙子黑呢？

或许是一条黑色的裙子里有个不太亮的灯泡。

……所以我们只能基于相关的其他信息进行推测。

准确地说，为了判断物体的明亮程度，我们会将其与背景进行比较。

如果一个物体比周围暗，我们就会认为这是一个更暗的物体。

如果一个物体比周围亮，我们就会认为这是一个更亮的物体。

这就是为什么这两条一模一样的裙子看起来不一样。

你心里在做统计。

你以背景为依据推断亮度。

事实上，我们的大脑是以同样的方式加工所输入的信息的：

我们没有确凿的证据……

……所以我们利用背景环境来支撑我们的推测。

从嗅觉和味觉……

……到身体的其他感官所觉察到的每样东西。

闻起来像热狗，吃起来像鸡肉……

……所以我觉得可以吃。

她漂亮得让我浑身发抖，我一定是爱上她了。

阅读第六章，你会有更多发现。

让我们再看几个例子。

虽然我们的心理能力在这些背景线索中时常发生偏差……

你长得太快了!

奶奶,我只是正向你走过来。

……但只有当出现冲突并产生视错觉时我们才能发觉。

顺着这些平行线往后看。

关键是,我们所有的知觉功能都是这样工作的……

我们整天都在接收有限的感官信息……

……来自手的、鼻子的、舌头的,只要你能想得出来的。

然后,我们还要把中间的缝隙填补上。

……所以在我们的其他知觉系统中也存在着大量的感官错觉……

……只是我们没发现而已。

这块奶酪如此醇香,让我垂涎三尺。

事实上,那是你的脚的味道。

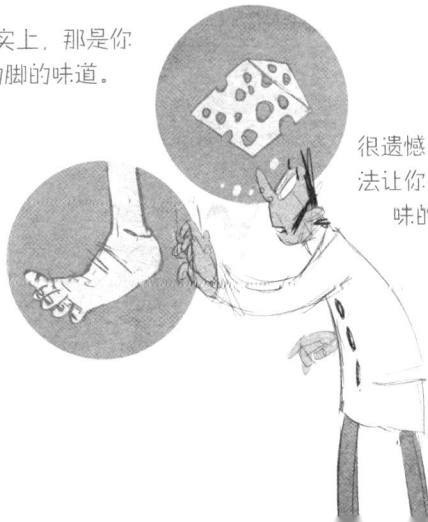

很遗憾,这本书无法让你闻出两种气味的差别。

019

当然，为了比较物体……

……我们首先要从环境中把它们分辨出来。

那两个类人猿哪个更大？

那是类人猿……

……还是树的一部分？

在20世纪早期，德国心理学家论述过人们如何从背景中区分出前景。

这就是格式塔理论！

别胡扯了！那就是个花瓶！

他们发现人们往往会利用视觉的特性，例如相似性……

……对称性……

这些块状物有毛发，而树是没有的，所以它们肯定是类人猿。

我认为树大体上是对称的，但这些块状物可不是哦！

……接近性……

……还有闭合性。

这些块状物离树干这么近，一定是树的一部分！

另外，它们看起来被树的其他部分包起来了……

……所以我就说嘛！

后来的研究做出了进一步的解释。

在印度，Prakash项目致力于帮助天生的盲童重见光明。

很多类型的失明都能够通过简单的手术治愈。

观察这些孩子第一次学习通过视觉辨认物体时……

看什么都很模糊。

……科学家发现物体的运动起了很大的作用。

这个……

……和那个肯定不是同一个东西。

其他研究利用新技术加深了我们的理解。

将摄像机绑在婴儿的头上能够捕捉到婴儿接受的所有视觉刺激。

然后我们利用统计学来分析他们的大脑可能会怎么做。

当然，一旦我们认识了一个物体是什么物体，那么再认就很容易了……

我知道这个屁股和那个头是一体的，因为它们在同步运动……

……更重要的是，它是我的狗。

……我们将进入另一个重要的知识点。

假设我们对世界的知觉是由无数最完美的猜测组成的……

摸起来像一头大象……

……那么我们从哪里获取信息来用于那些猜测呢?

闻起来像一头大象……

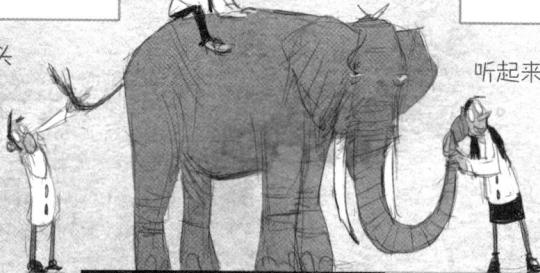

听起来像一头大象……

……但是我们怎么才能知道大象到底是什么样的呢?

答案是,有两种途径:

自下而上……

……和自上而下。

信息直接来自我们的感官。

信息来自我们已有的知识。

我们对世界的即时体验同时依赖于这两种途径。

光射入你的视网膜。

声波震动你的鼓膜。

分子进入你的舌头和鼻孔。

你从记忆库中提取记忆、观点、习惯和反应。

然后,你对所有这些进行加工,以确定到底发生了什么事。

自下而上！

根据美国政府的规定……

……伏特加不能有"个性化的特点、气味、口味或色泽"。

这样的话，自下而上来看，不同品牌的伏特加具有相同的味道……

这瓶尝不出个所以然来。

这瓶也一样……

……要不要换换？

……唯一能区分它们的方法就是用自上而下的解释了……

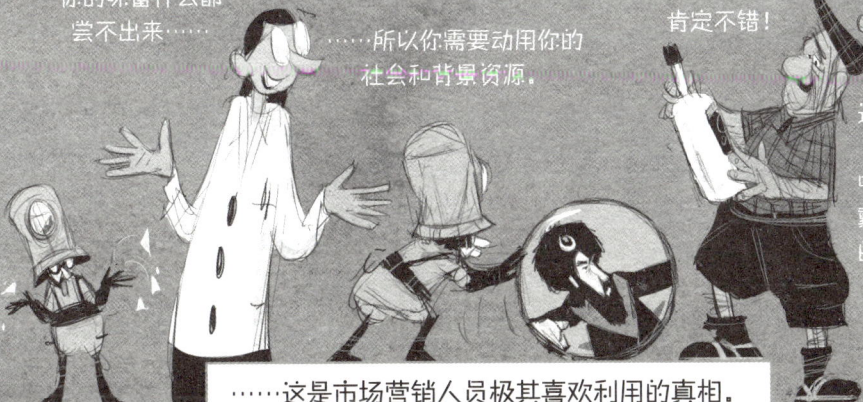

你的味蕾什么都尝不出来……

……所以你需要动用你的社会和背景资源。

这瓶伏特加肯定不错！

这可是金标的，卖到100美元呢！而且是一位戴着毛茸茸帽子的专业人士手工蒸馏的。

……这是市场营销人员极其喜欢利用的真相。

我们的标签上有一位丰满的女士头戴毛茸茸的帽子。

哦……哦。

但是在生活中，我们一般不会只面对极少的信息……

……因为大多数时候我们都会想得太多。

这伏特加什么味儿也没有啊！

从这杯红酒中，我品尝出了醋栗、杜松、绷带、雨滴、啮齿动物的粪便、头皮屑、口臭……

特别是当你思考时，你所有的感知系统还在源源不断地输送着各种各样的信息。

眼睛

耳朵

嘴巴

鼻子

其他感官

红色 咸

尖锐刺耳 鲜美

震耳欲聋 香甜 刺鼻

恶臭 柔软

湿滑

救命啊！

这个世界太复杂了，要注意到所有的东西……

……是办不到的。

于是，我们把注意力分配给其中的一些……

真希望那哥们儿别再跟着我了。

人们总是会这样无中生有。

……并对其他的事物或事情做出假设。

关于注意局限性有几个著名的实验研究。

在一项实验中，研究者询问随机被试关于方位的问题……

请问离这里最近的热狗店在哪儿？

……但是当一位研究者被巧妙地偷换成另一位研究者时……

……许多被试都没能发现。

呃，沿着第五大道直走，到第七大道左转，然后走过三个街区就到了……

谢谢！

您客气了！

在另一项实验中，研究者要求随机被试近距离观察一个球队的训练场景……

……然而许多被试只专注于运动员传球，却没有注意到一只大猩猩在屏幕上跳着舞走过去。

请数数一共传了几次球。

当然，如果这些被试知道实验的真正目的，那么实验结果就会完全不同……

……但是，重点是如果我们没有做出预期，就真的可能注意不到。

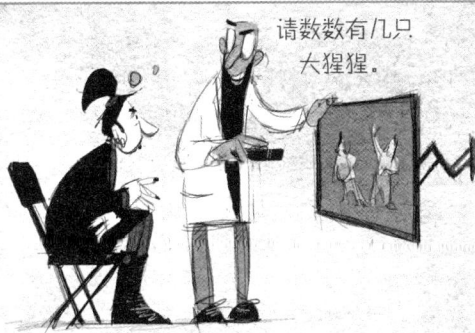

请数数有几只大猩猩。

大猩猩？什么大猩猩？

事实上，我们的周围总是充斥着各种各样的事物，我们是不可能一下子都留意到的。

简直要崩溃了！

所以，我们的知觉系统在一定程度上是自动进行工作的。

例如我们学骑自行车……

……或演奏乐器……

……或阅读。

这些事我过去都做得很好的！

斯特鲁普效应（Stroop Effect）可以说明这一点。

如果让一个人去数同一个字或词出现的次数……

狗
狗
狗
狗

4！

猫
猫

2！

臭鼬
臭鼬
臭鼬
臭鼬
臭鼬

5！

……那么他们在面对数词时会花费更长时间……

六
六
六
六

嗯，4。

二

哦，2。

七
七
七
七

饶了我吧。

……因为他们自动将字词与其背后的含义联系在一起，所以产生了额外的干扰效应。

同样的效应也可以发生在颜色词上。

这个是白色，不，是黑色！

黑色，哦，不，是白色！

白色

黑色

当然，我们能够对注意进行一定程度的控制……

……但是也是有局限的。

我选择看电视……

……不做作业。

总之，我们的注意既可以广而浅……

……也可以只关注一件事……

你可以一边吃东西，一边聊天，一边看微博、微信、短信、邮件、QQ……

但是你只能专心开车！

……但是以上两种情况不能同时做到。

你在开车时能做的唯一一件事就是开车！

你并不知道有只大猩猩开车超过了你。

我们并没有调动心理资源来做那些事情。

我是多任务型的：

我一边看电视……

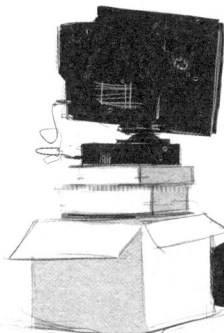

……一边写作业！

你只不过就是坐在那里而已。

总而言之，这个疯狂的世界绝不缺少刺激……

……但是我们感知到的却常常是歪曲或模糊的……

到底要发生什么事啊？

……所以，我们的心灵一直在为了从混乱中寻找秩序而努力。

自下而上！

自上而下！

即便我们所知觉到的东西已经面目全非了……

内在，人脑中的电信号制造出了心理图像。

外在，一切都归为原子和能量。

……这样的工作机制，人们用起来仍然如鱼得水。

幸好我反应够快。

就像我还没看到它就踩了刹车似的。

第二章

学 习

LEARNING

在第一章中，我们了解到通过感官得到的信息是含糊不清的。

wYAIERARRAE

那可怕的声音是什么？

是小孩被打……

……还是猫在叫春？

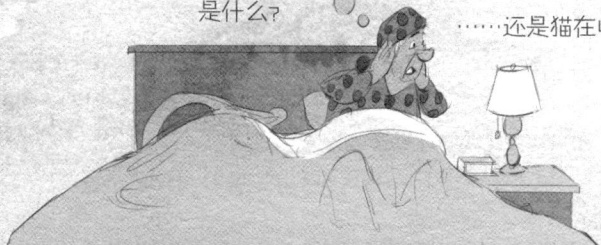

所以，为了更好地认识这个世界，我们利用自上而下的加工过程……

邻居收养了一只流浪猫

每天夜里都传来这种声音

附近没有人家有小孩儿

……结合已有的知识来对发生的事情进行理解。

是时候弄条狗回来了。

我们已有的那些知识是通过学习获得的。

我们一直在不停地学习着，不仅在我们主动去学习的时候……

……而且在我们生活的任何时候。

听老师讲课！否则你就什么都学不到。

听老板的话！否则就不给你发工资。

听着点儿门外的动静，别被妈妈发现啦！

在本章中，我们将要探讨的是人们如何进行学习的……

熟香蕉是黄色的！

每次踩到熟香蕉……

……我就会滑倒。

你不要踩熟香蕉哦。

……这里将详细介绍三种类型的学习：

我们通过联想来学习……

……通过奖励和惩罚来学习……

……以及向其他人学习。

黄色

成熟

l. 经典条件反射

2. 操作性条件反射

3. 社会学习

1. 经典条件反射

在同一时间会发生很多事情……

……为了让我们掌控这个世界，我们会对这些事情之间的关系做出联想。

没人说话

妈妈和爸爸心情不好

阴天

下雨

奶奶

奇怪的味道

那么，我们是如何学会那些联想的呢？

事物 a

事物 b

20世纪20年代，第一个研究联想学习的人是心理学家伊万·巴甫洛夫。

怎么说呢？我是个天才。

巴甫洛夫研究的是狗在进食时如何分泌唾液……

给你肉吃，雷克斯！

让我看看你能流出多少口水。

……他发现狗学会了在进食之前分泌唾液。

叮叮！

吃饭啦，雷克斯！

了不起的是，他发现自己可以训练狗狗们流口水……

……他利用的是各种无关刺激。

如果我每次喂狗时都跳舞……

……过一段时间，狗一看到我跳舞就会流口水。

它们能够学会将任何疯狂的东西……

……与肉联系起来！

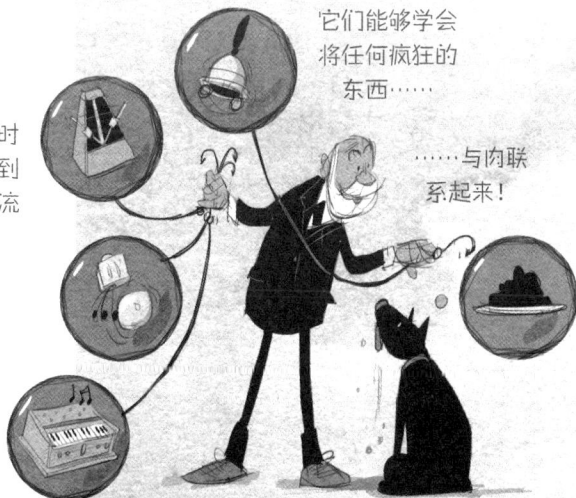

巴甫洛夫的实验获得成功，是因为外界的特定刺激能引起我们内在自动的生理反应。

当我感到冷时…… ……我会发抖。

如果一只猫坐在我的腿上…… ……我就会打喷嚏。

一闻到垃圾桶的味道…… ……我就恶心。

但是如果其他无关刺激…… ……总是与这些特定的生理反应同时发生……

我一坐在这把椅子上…… ……就冷得发抖。

我一嚼这种口香糖…… ……猫就会窜到我腿上害我打喷嚏。

我一弹乡村音乐…… ……就会走到垃圾桶附近，这气味让我恶心。

……我们就学会了将新的刺激与那些反应联系起来……

只要我一坐在这把椅子上一边嚼口香糖一边弹乡村音乐……

……我就会发抖、打喷嚏、恶心。

……我们甚至没有意识到到底发生了什么。

用心理学的术语来说，一旦建立了联系，就可以说是建立了条件反射。

条件刺激是因。

一闻到这种香水味……

……我就会想起祖母。

条件反应是果。

在现实生活中，虽然我们通常意识不到，但是我们却一直在建立这样的联系……

……因为大多数情况下这样的联系对我们来说是有益的。

一听到那磨人的闹铃声……

……我就从床上跳起来，因为我将那个声音与咖啡联系起来了。

我工作起来更有干劲！

然而，这样不可避免会有缺陷……

只要我看到这个戴着毛茸茸帽子的可爱女人……

……我就觉得自己迷上这个品牌的伏特加了。

……有些还会比其他一些更严重。

在我的经验里，穿灰色衣服的人就是囚犯。

我们将在第十二章中介绍刻板印象。

在巴甫洛夫之后不久，有一些心理学家决定在婴儿身上验证这些现象。

好主意！

菲多做得好棒……

……让我们看看小·阿尔伯特做得怎么样！

特别是，他们想知道条件反射是如何产生的。

如果我们让小·阿尔伯特害怕老鼠……

……他还会变得害怕什么呢？

问得好！

所以他们给小·阿尔伯特一只毛茸茸又可爱的小·老鼠玩，然后突然制造很恐怖的声音。

毛茸茸又可爱的小·老鼠就是他的条件刺激！

哭是他的条件反应。

KLANG!!

哐！！

不幸的是，小·阿尔伯特不仅学会了害怕老鼠……

……他还变得恐惧其他所有毛茸茸又可爱的东西……

WAAAAAAA!

好极了！

WAAAAAAA!

太棒了！

……实验的成功让这个实验臭名昭著。

WAAAa!

我们怎么才能让他停下来？

鉴于经典条件反射影响我们如何学习才能将世界上的事物联系起来……

当看到任何可爱的毛茸茸的东西……

……还有伏特加。

……都会让我想到可怕的声音……

……另一种类型的学习更直接地塑造了我们的行为。

Push Me!
按这里！

特别是，操作性条件反射说明了我们如何学习，当我们的行为……

……得到奖励……

……或得到惩罚时。

奖励你一块巧克力！

惩罚你吃一棵花椰菜！

2. 操作性条件反射

操作性条件反射最简单的原理是效果律。

如果一个行为引发了积极的结果……

……我们有可能再次做出这个行为。

如果一个行为引发了消极的结果……

……我们可能不再做出这个行为。

看起来好像很浅显……

……实际上却非常复杂。

如果一种生物做了对自己有害的事情，它将走向灭绝。

那怎么解释抽烟、喝酒、吸毒、跳伞、家庭作业……

……还有发信息？

例如，有时候我们会错误推测产生某种结果的行为是什么。

上星期，他忘记洗袜子了……

……结果他打出了全垒打。

从此他再也不洗袜子了。

有时候，我们会为了短期回报而重复某种行为，但是却忽略了长期的消极后果……

戳戳戳
戳

……或者被天花乱坠的套路所蒙蔽。

每隔一周，在周四下午两点到四点，你能得到30分钟通话奖励，条件是你已经用完了所有的免费流量并且你在过去的一周内给你的妈妈打过电话，而且在非高峰时段没有打过任何国际电话，或者……

呃，好，好，我签我签。

为了研究这些复杂性，20世纪30年代，行为心理学家B. F. 斯金纳发明了一种特殊的箱子。

进来，我会给你一块饼干。

里面有一个按钮、一个小·冰箱、迪斯科灯和舞蹈地板。

你还想要什么？

斯金纳箱是用来研究小型动物如何进行学习的微型实验室的……

音乐一响就按那个按钮。

……特别是，不同的奖励……

……和惩罚……

嗞嗞嗞

做得好，来块饼干！

既然你表现不错，我就把地板上通的电关掉。

嘿！我一按这个，他们就把冰箱锁起来了。

……对行为的影响。

音乐响起来了，要不要再按一下？

哦，好哇？

不，他们可能还有其他手段。

我不要按啊！

因为这些奖励和惩罚可以针对个别行为或者甚至任意的动作进行发放……

……所以它们被用来训练动物们学习各种小把戏……

把你的左脚放进去，我就会给你小饼干！

摇摆起来，否则我就把地板通电到11级！

……现在跳个《小·苹果》……

……以及一些非常有用的技能。

鸽子具有非同寻常的能力，经过训练可以帮助我们找到迷失在大海中的人。

菲比拥有不可思议的嗅觉，所以我教她奶奶来了就叫。

对斯金纳的质疑除了他的个人偏好外，还有这些实验基本上只局限于动物……

……但是从操作性条件反射中获得的观点很显然对人类也是适用的。

我们可以把小宝宝放到老鼠那里！

好主意！

我不想再跑了。

谁说不是呢？

例如，当我们对自身奖励系统如何起作用有更多了解时……

多巴胺充满了你的伏隔核。

……我们会更加明白关于经济诱因……

……关于我们的人际关系……

如果只需多花49美分就能换超大号套餐，那么谁都想换！

如果要多花1美元，会怎么样呢？

她会把衣服扔在脏衣篓里，而不是扔在地板上……

……但是我必须每周至少做一次晚饭。

……以及关于成瘾等的社会问题如此之多。

让我们进入下一个话题。

排在最后未必不好，我们可以向他人学习。

我们为什么在这排队？

我不知道，但是一定有什么好事。

毋庸置疑，我们能够向他人的行为学习，即便我们看不到任何行为的结果。

她一直在按那个按钮。

那么做对她一定有什么好处吧！

对于这种现象最经典的研究之一就是阿尔伯特·班杜拉的充气娃娃研究……

看到成人暴力地对待充气娃娃的儿童……

……与没有看到此情景的儿童相比……

接招吧！

……在成人离开房间后更多地表现出攻击性行为。

有人想下棋吗？

这种模仿行为不只会出现在人类身上……

看，猿猴在互相模仿！

……并且有证据证明有些动物之间存在着类似人类的文化，

起初，某个森林族群里的霸主吃了有毒的食物死掉了。

随后由爱好和平的狒狒接管。

此后，新来的狒狒被同化了！

嘿，为了咱们这个族群，我应该去打谁？

别这样老兄，咱们在这不用做那样的事。

但是，因为人类的社会学习绝无仅有的复杂……

要想成为我们的一员，你必须学会蒙眼反跳《小·苹果》。

……并且，有时候是令人困惑和感到矛盾的……

我当然是从他的行为中学习的。

他是我的爸爸。

我总是做和他行为相反的事。

……我们将在本书第三部分进行深入探索。

因为许多心理学研究看起来很简单……

我为什么要这么在意按钮这事？

……并且用动物实验来代替人类实验……

为什么狗看到我要流口水？

……所以很难让人觉得这些研究足够严谨。

我不学《小苹果》能怎样？

那么在本章即将结束时，我们来看看令人颤抖的习得无助现象，它的发现人是心理学家马丁·塞利格曼。

我可以教菲比小把戏！

我可以教它什么都不做。

他发现如果随机对斯金纳箱中的狗进行电击……

zzzzzt

zzzzzt

……其中有的狗可以学到逃避电击的方法……

如果你按这个按钮，就会停止被电击。

……但是有的狗却没有办法控制……

不好意思，你做什么都没用啦。

zzzzzt

……之后，将狗放入一个完全不同的箱子中，在这里只要跳一跳就可以逃避电击……

……那些先前没有办法控制的狗不会做出任何努力……

zzzzzt

……因为它们习得了无助。

zzzzzt

塞利格曼的发现在人类身上得到了同样的印证……

正如奖励能激励我们学会做某事……

……我们也能学会不做无效的事情。

……这具有深远的社会意义。

人会忍受侮辱和虐待……

……不是因为他们不正常……

……而是因为他们一遍一遍地学会了，他们无力反抗。

暴力

腐败

不公

烦恼又有什么用呢？

幸好，塞利格曼也指出了一些充满希望的事情……

……在他人的帮助下，习得无助是可以扭转的。

谁都知道老狗也能学会新把戏。

我们可以把它们连接在一起。

在实验室外面，我们学习的方式和其他任何事情一样都是杂乱无章并且含糊不清的。

我失业了，实验室不需要我了。

但是一旦我们学会了做某事，无论它是简单的……

……复杂的……

……正确的……

……还是错误的……

我会背诵字母表。

我会背诵嘻哈歌手Snoop Dogg的歌词。

如果我们再多得几分就能赢了！

如果我洗了袜子，我们就会输掉比赛！

……我们都会以此来组织我们的经验。

一旦你知道了字母表，认识不会再以同样的方式来看世界了。

对于Snoop Dogg也是一样。

这是自上而下的加工。

我们学习到的东西不仅让我们理解自己的感觉……

……也会塑造我们的记忆。

那是什么味道？

那是成功的味道！

我的脏袜子能让我成为更强的击球手。

第三章

记　忆

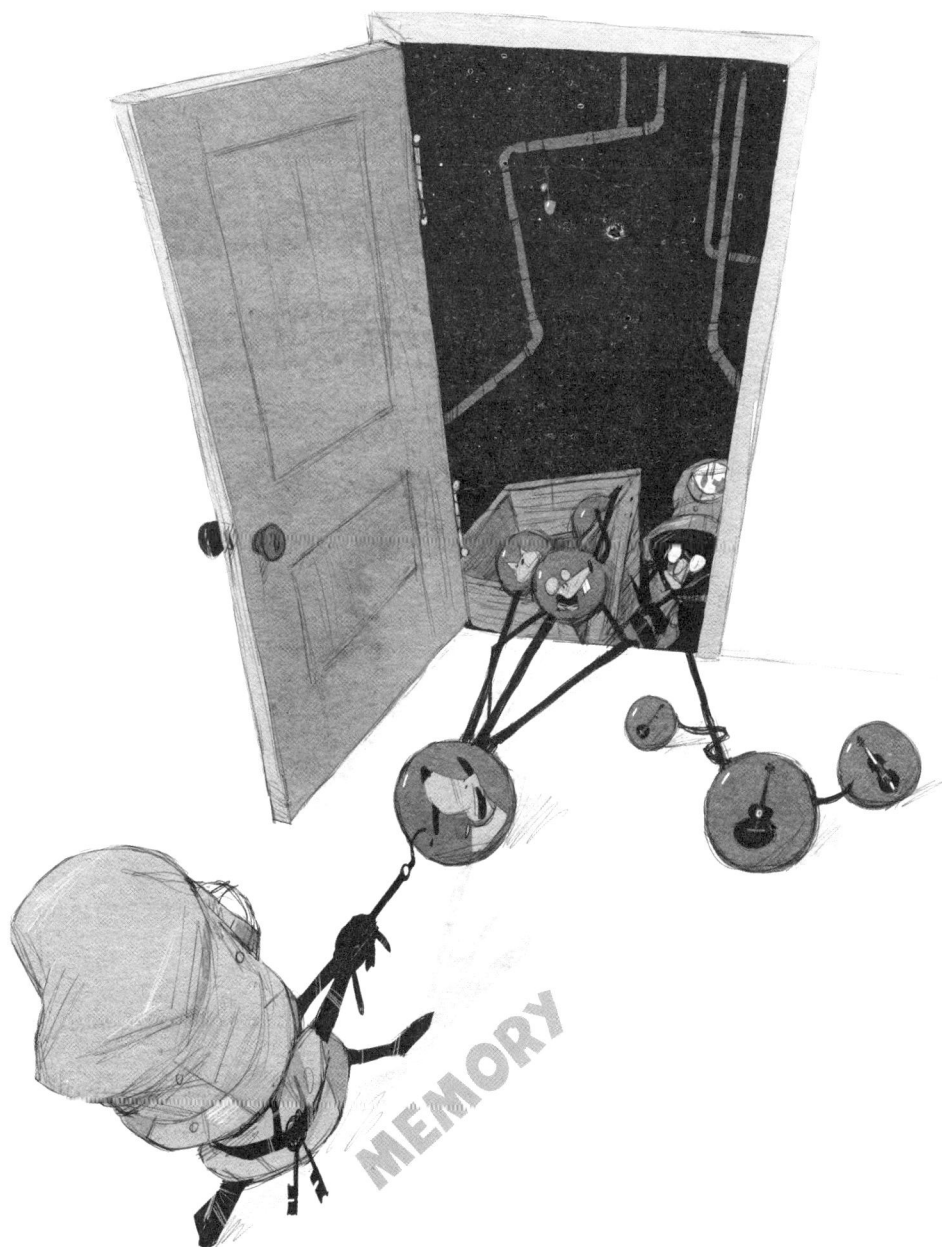

MEMORY

在本章中，我们将学习两种基本类型的记忆……

工作记忆

长时记忆

……以及思想和观点如何在两者之间传递。

还有其他类型的记忆……

……我们在此只探讨最基本的两种类型。

我们暂时先把其他的放一放。

程序记忆

内隐记忆

图像记忆

工作记忆（也就是短时记忆）涉及的是你此时此刻的所思所想。

长时记忆囊括了你并没有在此时此刻想着、但是你知道的所有东西。

我得到了674个赞

我应该研究一下。

我的头发看起来真时尚

俄罗斯的首都是莫斯科

我姐姐讨厌吃香蕉

我每周一下午两点上代数课

正如我们所看到的，我们不停地在两者之间传送信息……

存储！

提取！

……在传送的路上可能还会发生丢失或错乱。

送我家

生于1950年

棕色的眼睛

讨厌蛋黄酱

喜欢抱抱

关于妈妈的事情

关于爸爸的事情

严厉

生于1947年

讨厌鸡蛋

圣诞节想要袜子

我们的工作记忆是有局限性的……

……必须保持活跃才能得到维持。

别停手，要不你就忘了。

事实上，我们一次最多只能加工7个有意义的信息单元。

接住！

嗨，我叫珍妮

我只能扔掉一个了！

我想喝啤酒

我有口臭

我的夹克外套很潮

那个女孩好漂亮

妈妈不知道我在哪

曲奇

现在是3点15

利用组块的方法可以让记忆变得容易……

……但是再没有什么方法能记住更多内容了。

例如，利用好记的时间可以更容易地记住数字……

……利用缩写来记住字母。

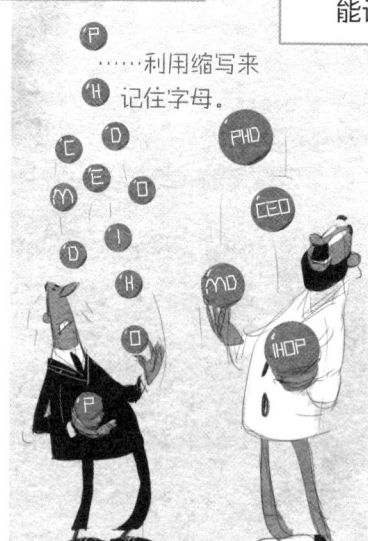

千万不要尝试一边发短信一边开车！

心理学家班杜拉提出，我们在记忆语言信息时……

……与记忆视觉信息是分开的。

我们有一个内在的声音处理器……

她的名字是珍妮

……用来加工声音。

她的手机号码是86753

她来自迪比克市

这是听觉回路！

我们还有一个内在的控制板……

……用来加工图像和位置。

这是视觉空间系统！

这个理论有助于解释一些奇怪的现象，我们对数字……

……和字母的工作记忆……

由于我们加工声音的方式非常奇特……

……没有用汉语记得容易……

……相同的数字用英语记……

"Ten Thou—sand"

"One Hundred"

百

万

……而且我们更容易混淆发音相似的字母……

……不容易混淆区别较大的字母。

y

f

a

q

x

j

t

t

b

g

c

p

z

v

……以及在其他方面的认知局限性。

一边听人说话一边画画很容易。

但是边听边写字就要难得多。

嗨，我叫Boomchigger McFusthausen，如果你跟我握手，我就给你100万美元。

画完啦！

051

当我们认为某些事情以后会有用处时，我们就从工作记忆中将它们转移……

……并编码到长时记忆中。

867 5309

迪比克市

长时记忆

也说不上是好是坏，反正这个过程是不完全的……

我们经历的很多东西并没有得到编码。

迪比克市

你当时确实是披着头发吗？

……有点敷衍……

被编码的内容也时常会丢掉一些细节。

我记得你的口红惊艳了我，但是不记得到底是什么颜色了。

……还有点混乱。

即使一段记忆被成功地编码了，之后通常也很难再被找到……

……因为各种信息前仆后继地不断涌进来。

我们见面的地方是哪里来着？

好像是在那边的什么地方。

尽管如此，这种加工过程依然是有效的……

我们的纪念日是哪天？

使劲想。

我相信你一定能想起来。

……并且有办法改善记忆。

总的来说，你越努力地将一个观点与其他心理联想建立联系……

如果你想记住我的名字迈克（Mike）……

……可以想象我一边骑着自行车（Bike）……

……一边拿着麦克风（Mic）唱歌……

……这时迈克·泰森（Mike Tyson）给了我一拳。

……回忆起来就越容易。

这就是深层加工！

现在你记忆起来就有线索了吧。

"Bike" "Mic" "Mike" "Mike Tyson"

记忆比赛选手利用这些原理来增强他们的记忆能力。

我在头脑中想象出一个宫殿……

……并且把有关系的概念放到特定的房间中。

然后，当我想要记起某些内容时，我就沿着一条心理通路回到对应的房间中。

我们的纪念日是美国国旗日，6月14日……

……我的妻子长得像贝琪·罗斯

一只六月鳃角金龟在啃她的头。

053

随着信息被编码，我们的长时记忆织起了联系网……

每当我想起爱犬萨姆时……

……这又让我想到红色……

我就想起思乐冰……

……然后我就想到了吸血鬼。

……这就是心理学家所说的"神经网络"。

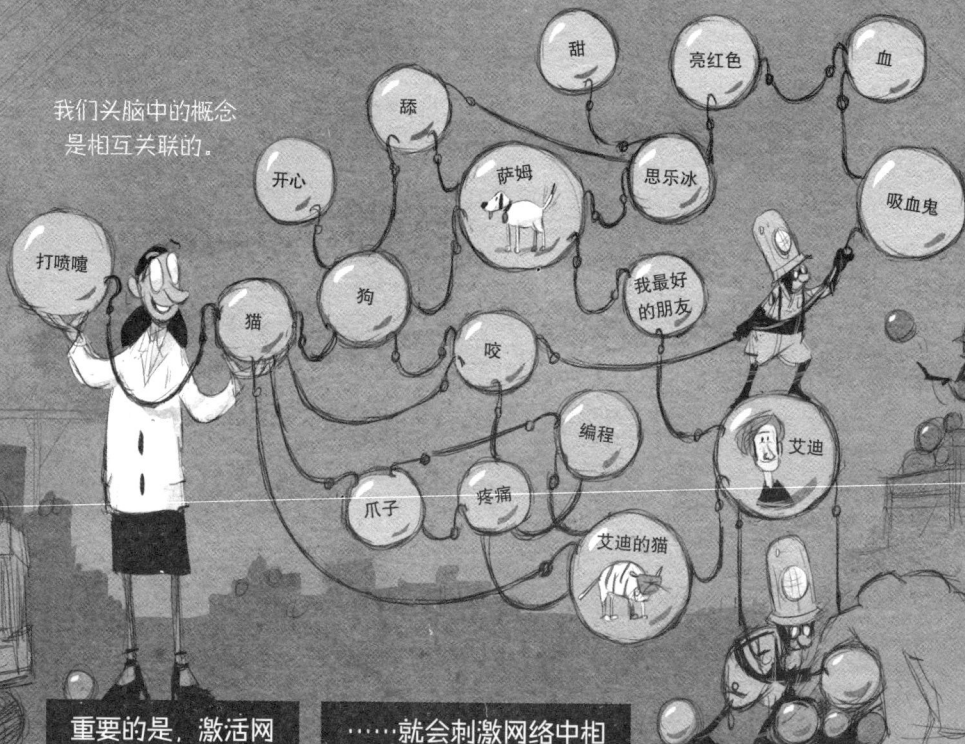

我们头脑中的概念是相互关联的。

甜

亮红色

血

舔

萨姆

思乐冰

开心

吸血鬼

打喷嚏

狗

我最好的朋友

猫

咬

编程

艾迪

爪子

疼痛

艾迪的猫

重要的是，激活网络的一部分……

……就会刺激网络中相互联系的其他部分……

……从而使它们更容易被回忆起来。

当我打喷嚏时……

……猫、爪子和疼痛就被激活了……

这让我想起了艾迪。

打喷嚏

爪子

猫

疼痛

艾迪的猫

这个效应被称为启动……

对某个事物的思考…… ……启动了对其他事物的记忆……

……因为两者在我们的头脑中有关联。

……启动效应对我们认知体验的方方面面都有影响，包括我们的视觉、听觉和味觉加工……

不要喷那种香水！

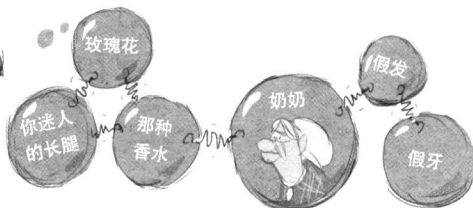

玫瑰花

假发

你迷人的长腿

那种香水

奶奶

假牙

……以及我们对事情的即时反应。

第一章中自上而下的加工通常就是这样工作的。

尾巴

条纹

猫

老虎

快跑！

这也是为什么我们学习特定内容时的场景……

接比利

办公室

在汉堡王

压力表

安全事项

水下

……会严重影响我们回忆的效果。

我在办公桌旁工作的时候，比利让我去哪里接他……

……但是当我开上车，我记不起来应该去哪里接他了！

我在水下背了很多重要资料……

……但是一上岸就记不住了！ 这种叫"状态依赖记忆"！

时间越长，我们的神经网络就会变得越复杂。

我想要记起我妈妈
婚前的姓氏……

……但是有太多
干扰信息了。

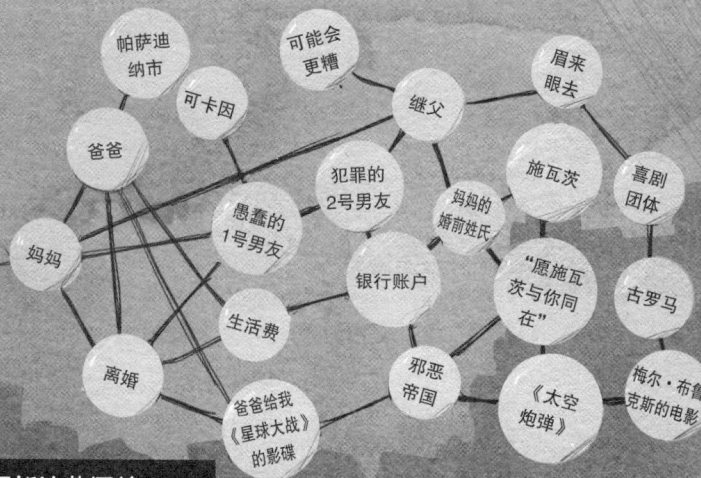

帕萨迪
纳市

可能会
更糟

眉来
眼去

继父

可卡因

爸爸

施瓦茨

喜剧
团体

犯罪的
2号男友

妈妈的
婚前姓氏

愚蠢的
1号男友

妈妈

银行账户

"愿施瓦
茨与你同
在"

古罗马

生活费

离婚

邪恶
帝国

《太空
炮弹》

梅尔·布鲁
克斯的电影

爸爸给我
《星球大战》
的影碟

幸运的是，我们的心灵一直在更新这些网络……

……通过加强我们最常使用的连接。

你越多地回忆它……

……你就越容
易回忆起它。

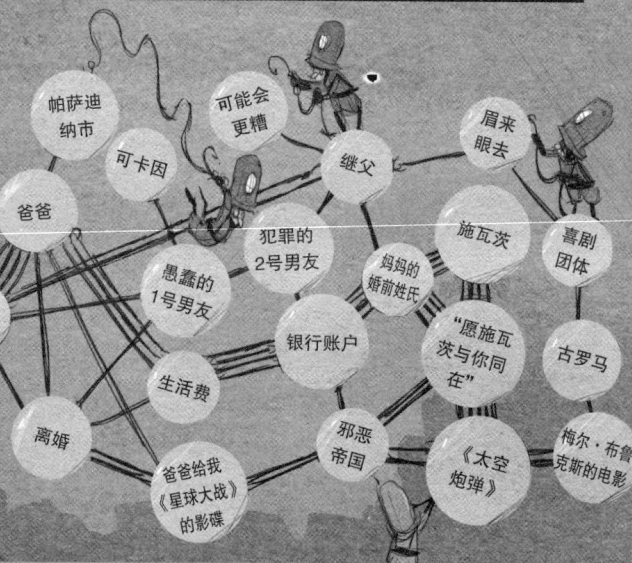

帕萨迪
纳市

可能会
更糟

继父

眉来
眼去

可卡因

爸爸

施瓦茨

喜剧
团体

犯罪的
2号男友

妈妈的
婚前姓氏

愚蠢的
1号男友

妈妈

银行账户

"愿施瓦
茨与你同
在"

古罗马

生活费

离婚

邪恶
帝国

《太空
炮弹》

梅尔·布鲁
克斯的电影

爸爸给我
《星球大战》
的影碟

当然我们也可以通过主动的努力去加强网络之间的连接。

如果你想记住她
婚前的姓氏，就
联想一下这个。

愿施瓦茨
与你同在。

事实上，我们越努力地去提取某个特定的记忆……

……再提取的时候就越容易。

一分耕耘，一分收获！

这或许是为什么进行测验比额外的学习更能保持记忆的原因。

在背诵一系列知识后……

……一半学生进行测验练习……

……而另一半学生用更多的时间来巩固学习。

时间到！

现在马上开始背诵！

不是吧？！

小菜一碟。

梵·高
=星夜
德加
=芭蕾舞演员
马格里特
=苹果脸
达·芬奇
=蒙娜丽莎

增加学习时间对短时记忆有一点点的帮助……

……但对长时记忆却有反效果！

现在你学会了更多哦！

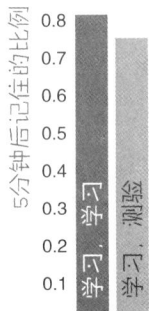

5分钟后记住的比例

0.8 0.7 0.6 0.5 0.4 0.3 0.2 0.1

复习·不学习

学习·不复习

之后你忘记得更多啊！

1个星期后记住的比例

0.8 0.7 0.6 0.5 0.4 0.3 0.2 0.1

复习·不学习

学习·不复习

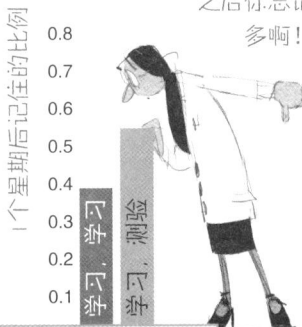

不幸的是，似乎没人认识到这一点。

想不想再来个小·测验？

不要啊！

在第五章介绍元认知时我们还会回到这个问题上。

反过来说，当我们加强了某些连接的同时…… 　　……就会削弱其他一些连接。

当你激活这些线索时……

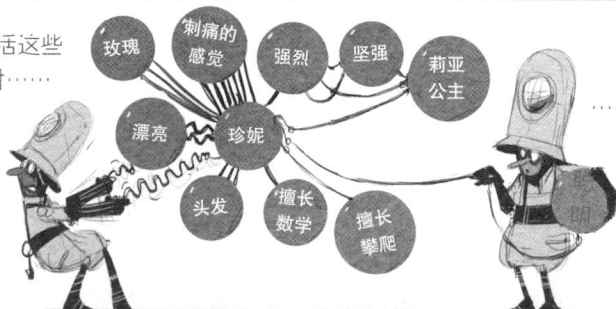

玫瑰　刺痛的感觉　强烈　坚强　莉亚公主

漂亮　珍妮

头发　擅长数学　擅长攀爬

……周边的线索就会变弱哦。

从技术上讲，这被称为"提取诱发遗忘"。

如果我们记忆了一系列有关联的单词…… 　　……然后只练习提取其中的一些……

苹果　猕猴桃

水果

梨

橙子

好，哪种水果的声母是"p"？

苹果！

哪种水果的声母是"l"？

梨！

……这样会降低我们提取没有练习过的单词的能力！

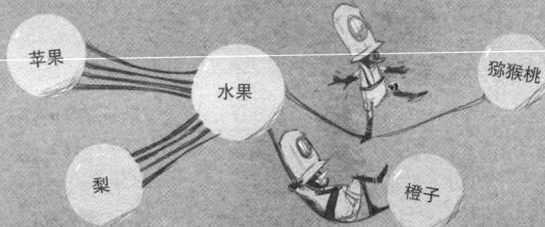

我只记得苹果和梨……

苹果　　猕猴桃

水果

梨　　橙子

……其他水果都记不住了。

虽然这样的方式通常情况下是有效的…… 　　……但是当我们确实需要那些旧信息时，就会产生问题。

我不关心前三次我把车停在哪里了。

我需要记住的是今天我把车停哪了！

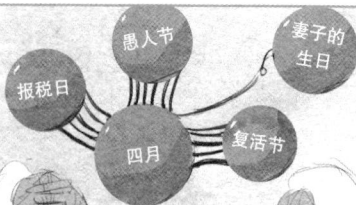

D4　　G2　　B6　　E7

愚人节　　妻子的生日

报税日　　复活节

四月

*&$#!

更多情况下，遗忘是我们记忆的必然结果。

要是我更聪明一点，我就能记住上学时学过的微积分了。

比如别忘了给我们做晚饭。

没关系的，老爸，有更多有用的事需要你去记。

当我们忘记事情时，并不意味着这些记忆就被抛弃了……

……而是它们变得难以寻找，因为其他记忆在捣乱。

我不记得你以前是什么样子了。

你现在的样子

你呼吸的味道

你的牙齿

我的奶奶

Jay-Z的牙齿

喜爱的马克杯

我把我的牙放哪了

喜爱的座椅

孙子

狄更斯

薄荷茶

打空气

任天堂

大金刚

大猩猩

超级玛丽

巴赫

冷笑话

"汪汪"

鹦鹉

热带雨林

你那时的样子

我的第一只狗

那就是为什么当人们确信自己全都忘记了的时候……

……某个线索就可以让回忆如潮水般涌上心头。

我童年的事情全都记不起来了！

泰迪浣熊！

所以，我们应该在多大程度上相信我们的记忆呢？

我们在拉斯维加斯度的蜜月。

扯啥呢？在巴黎！

无论如何，当我们进行记忆时，我们往往会丢掉细节……

这个蜜月太浪漫了！

……之后，当我们提取记忆时，就会用随手可得的东西来填补空白。

你们的蜜月是在哪里度过的？

快，我们需要一个与浪漫记忆有关的地点！

必须的。

巴黎

拉斯维加斯

浪漫

埃菲尔铁塔

蜡烛

红酒

结果，我们的记忆时常被我们当下的联想所误导……

我总是很优雅得体。

热狗真恶心。

事实上，你过去常狼吞虎咽地吃热狗，直到你因为吃太多而生病。

你忘了，上大学时你都不刮腿毛！

……我们所回忆到的实际上经常是新旧记忆混合在一起的。

事实上，我们在结婚前爱得刻骨铭心。

我们总是互相看不顺眼。

哦，看吧，是在纽瓦克。

我敢肯定那时我们一定度过了浪漫的时光。

这样也会产生不好的结果。

我们的记忆可以被操纵。

例如在一些研究中，人们观看车祸的视频……

啊啊啊啊啊啊啊啊啊啊！！！

……观看视频后，马上要回答指定的问题……

……这些问题引导他们回忆出了实际上并未发生的细节。

沃尔沃 碰撞 街角 4个人 让车标志

在有让车标志的街角站着多少人？

4

我记得让车标志附近有4个人。

视频中并没有让车标志。

沃尔沃 街角 碰撞 4个人

当这辆车撞击另一辆车时，车速有多快？

很快

很快 玻璃碎裂 损坏 撞击

玻璃并没有碎。

当撞击发生时，玻璃碎得到处都是。

看起来，当我们回答类似这样有导向性的问题时，确实在给我们的记忆添油加醋……

打伤（batter）了你、撂倒（ice）了你朋友、还偷走你钱（dough）的歹徒有多高？

面糊 Batter 面团 Dough 冷冻 Icing 面包师 Baker

……特别是在司法公正方面会造成巨大的问题。

一定是他。

总之，记忆就像一个传话游戏。

你离源头越远……

……你听到的信息的可信度就越低。

刺猬爬进罐子里。

热狗跌进果酱里？

记忆并不像拍立得。

记忆是故事，我们自己告诉自己发生了什么。

那是一条强壮、凶猛的鱼，我差点就钓不上来了。

它太大了，差点把船都弄翻了。

不论什么时候激活我们的神经网络，都会有改变发生……

……所以用文字讲述事情也会改变我们对其的记忆。

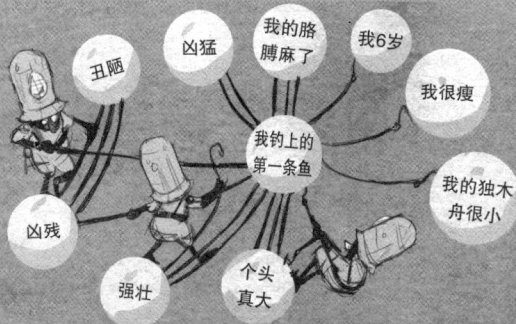

凶猛

我的胳膊麻了

我6岁

丑陋

我很瘦

我钓上的第一条鱼

凶残

我的独木舟很小

强壮

个头真大

那条鱼和我一样强壮，又凶残又丑陋……

……它大得连船都装不下。

我曾经抓过那么大一条鱼。

真的，我抓过！

THINKING

迄今为止，我们学习了人类是如何对直接体验到的事物进行认知的。

但是世界上充满了我们先前可能完全没有遇到过的事物……

……我们也需要去认识它们。

那是什么怪物？

不知道啊，我觉得我们得赶紧跑！

在本章中，我们将探索人类是如何认知从前未知的事物的。

我们怎么知道它是否温顺？

分类！

启发！

假设验证！

前景理论！

随后我们将会看到，这个复杂的过程是由一个极其重要的事实控制的。

我们的心理能力是有限的。

回想第三章中提到的工作记忆……

……我们一次最多只能加工7个有意义的信息单元！

所以，为了最大限度地调动我们的心理能力，我们总是要不断地存储心理资源。

我们节约能量靠的是有效地组织观点……

……和利用认知捷径

……以及将白炽灯换成LED灯。

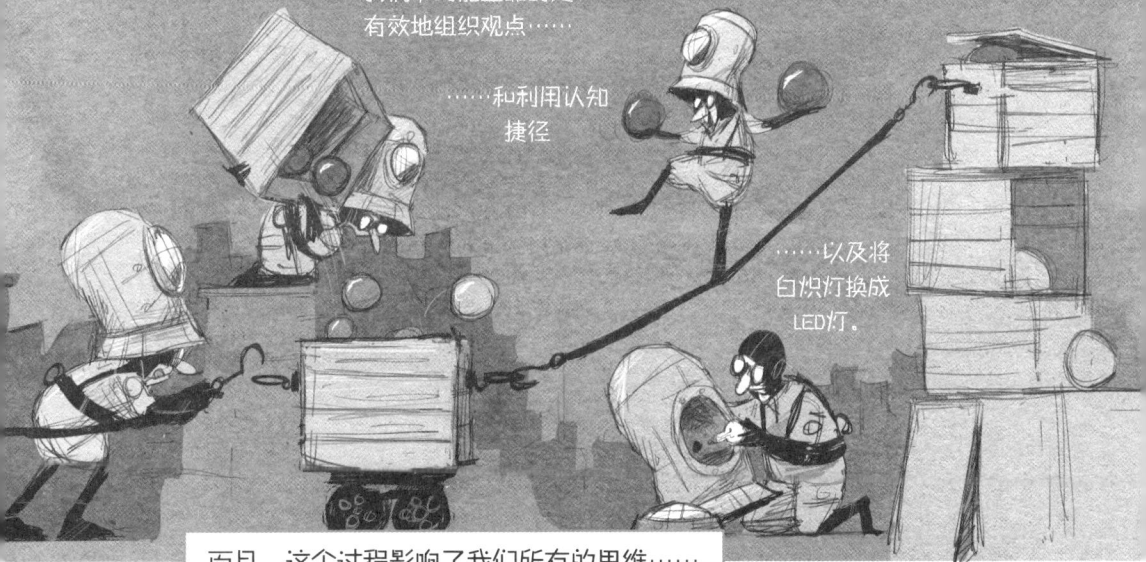

而且，这个过程影响了我们所有的思维……

……无论我们正在想什么。

为什么你考试不及格？

因为我擅长的是把我的心理资源储存起来。

带着这样的认识，我们一起来学习人类是如何加工分类的。

在这个世界上，我们所遇到的许多事情都可以通过共同特征来分类。

长这样的……哞哞叫……能产奶的……都是奶牛。

长这样的……会咆哮……会猛扑的……都是可怕的丛林猫。

心理分类的结果可以帮助我们预测其他特征。

所以，如果你看到那里面其中一个特征，不要妄想它能产奶！

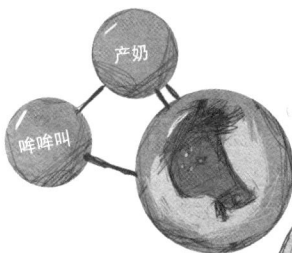

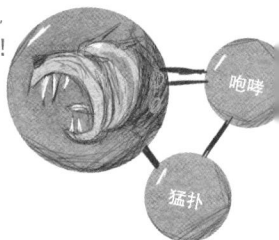

产奶

哞哞叫

咆哮

猛扑

我们的心理分类当然无法保证百分之百正确无误……

我以为可爱和柔软总是意味着让人想抱抱……

……但是结果那东西还会咬人。

……但是心理分类很有用，我们在不停地建构和完善它。

意义

可爱

柔软

想抱抱

所以，什么才是好的分类呢？

总的说来，分类太广……

那是个物体。

哦，那也是个物体。

……没什么用。

你没有办法看到物体，因为所有的都是物体。

分类太窄……

这是一棵长着11个枝杈、向西倾斜、有27489片叶子的多年生植物。

那是一棵长着13个枝杈、向东倾斜、有43943片叶子、树干被刻画过的生物体。

……会给记忆带来太多负担。

你先法看到整片森林，因为你只看到长着13个枝杈、向东倾斜、有43943片叶子、树干被刻画过的生物体！

这就是为什么当你要求别人确认周围有什么时……

汽车！

大石头！

狗！
不对，是耗子！
不……
……是狗！

……他们会在两个极端中间选择一个最佳位置。

太宽泛   正合适   太狭窄

动物

狗

绠犬

交通工具

汽车

福特车

食物

意大利面

螺旋面

植物

树

山胡桃树

但是我们的头脑是如何做到的呢？

067

问题的答案在认知经济学的原理之中。

我们要努力用最少的心理能量做最多的事情。

记住更多的类别必然会更有帮助……

……但是我们不希望将心理能量浪费在额外的类别上。

知道狼和狗的区别是很重要的……

……所以我们将它们放入不同的分类。

区分各个品种的狗不值得费那么大劲儿。

野生动物

狐狸

狼

会咬人

巴哥犬

狗

大丹犬

不会咬人

柯基

史努比

鼠狗

为了让效益最大化，我们在相互竞争的两个目标之间做出平衡……

我们需要更多的分类才行！

为了省劲儿，我们不需要那么多分类！

……直到建立起我们现在熟知的基本分类。

就把它们都叫作"树"吧。

它包含了所有类似的高大木本植物……

……并且你不用担心会被吃掉。

所有这些都适用于我们学过的神经网络。

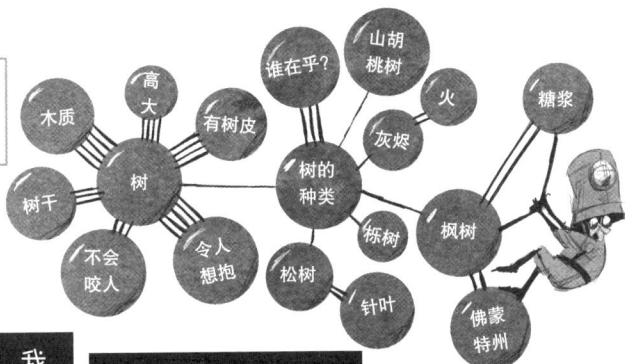

联系最紧密的就是我们最常用的那些。

山胡桃树
谁在乎?
火
糖浆
高大
有树皮
木质
灰烬
树
树的种类
树干
栎树
枫树
不会咬人
令人想抱
松树
针叶
佛蒙特州

正如我们所看到的,我们所遇到的事物的共同特征……

它们看起来差不多。

……加强了特定的心理联想……

它们都有树干、树枝和树叶。

……并弱化了其他联想……

有些有着粗糙的树皮……

……有些有着弯曲的树枝。

诸如此类。

……直到我们最终总结出现在所熟悉的一般分类。

当我看到一棵树的时候,我知道这是树……

树!

……但是我搞不清栎树和枫树有什么区别。

栎树

枫树

一旦这些分类形成了,它们就能帮助我们认识之前从没见过的事物……

那是个啥?

它有躯干和枝杈,但是没有叶子:

它肯定不是树!

……但是它们也必然会让我们犯错误。

男孩都是短头发。

女孩都是长头发。

如果你是短头发,那你就不是女孩了。

我们在第十二章中将更多地了解刻板印象。

069

在认识世界的时候，我们通常会选择我们知道的……

……并且以此来推测和估计我们不知道的。

我喜欢芝士……

……我还喜欢通心粉。

但是我会喜欢芝士通心粉吗？

理论上，我们应该像一台超级计算机一样……

……处理和加工所有可能的信息，从而做出最佳的决定。

我是理智侠！

如果我用价格乘以顾客评分的平方的倒数，加上新鲜指数的对数，然后得到一个大于47的数值……

……这才是正确的决策。

但是事实上，我们通常情况下需要处理的信息量远大于我们的加工能力……

……这时我们就会走"认知捷径"……

这菜单也太复杂了吧！

你可以减少需要思考的信息量……

……或者减少你对这些信息的思考量。

……这就是所谓的"启发法"。

尤为重要的是，启发法在节省我们心理能量的同时……

……也会使我们的判断产生偏差。

我没必要为了看完全部菜单而烦恼！

他只点了甜点。

心理学家们很热衷于命名这些启发法。

听众反应启发法，标签命名启发法，一致性启发法，原产国启发法，特殊性启发法，无害性启发法，效果启发法，担保启发法，加权启发法，专家启发法，词典启发法，可能性启发法，极简抽象启发法，愤慨启发法，峰终启发法，价格启发法，优先权启发法，速度启发法，安全性启发法，稀缺启发法，温情效应启发法，权衡利弊启发法……

就让我们称之为"命名启发式启发法"吧。

其中最有名的是"可能性启发法"（也叫"可得性偏差"）：

我们倾向于认为特殊的事件更有可能发生……

……仅仅因为它们更容易从头脑中提取。

我当然不会下海了！

你没看过《大白鲨》或《鲨卷风》吗？

结果，我们可能会基于不恰当的信息做出决定。

事实上，每年被自动售卖机砸死的人比被鲨鱼咬死的人更多。

哇哦！干脆拍一部《零食龙卷风》吧。

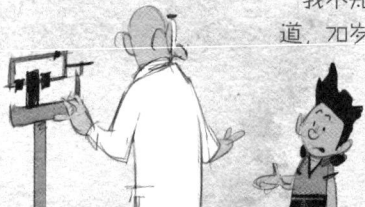

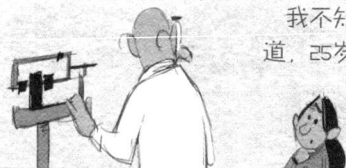

我们所利用的这类认知捷径，通常被心理学家称为"系统1思维"。

它们快速而简单……

……大量依赖于我们
先前的心理联想……

……并且我们在利用它们时经
常意识不到我们在思考。

但是我们也可能进行更慢、更精细、运用算法推理的"系统2思维"。

这就像上数
学课。

遗憾的是，因为系统2思
维需要太多的付出……

……所以我们也不怎么在乎自己有所偏差。

他的论据真是
又臭又长……

……但是我赞同他的
结论，并且我会给他
投票的。

系统2思维认识世界的一个方法是积极地检验假设。

让我们发掘新的信息来挑战我们已有的想法吧！

但是即便这是做科研最关键的部分，我们却总是做得不够好。

那是科学的方法……

……它让我们脑袋都坏掉了。

一开始，我们都容易受到"证实偏差"的影响：

只寻找支持我们已有信念的证据的倾向。

大象很聪明……

……看它们睿智的眼睛。

大象很邪恶……

……看它们锋利的牙齿！

这影响了我们对两方证据的态度……

我认为厚皮类动物是纯真的。

我认为厚皮类动物是无耻的。

……以及我们如何进行解释。

新闻快报！一头大象刚刚踩踏了一个人！

一定是贪婪的人侵入了它的领地。

一定是贪婪的大象侵入了他的地盘。

在研究中我们可以看到，人们回忆体育事件……

那是老虎队对绿巨人队。

……以及政治辩论的方式……

那是大象对驴子。

……依赖于我们站在哪一边。

他们作弊！

我们赢了！

换句话说，因为我们的信念倾向于符合我们的经验……

记住，我们激活得越多的神经通路连接更强……

……所以我们利用它们来解释新的事物……

……并填充记忆的缺口。

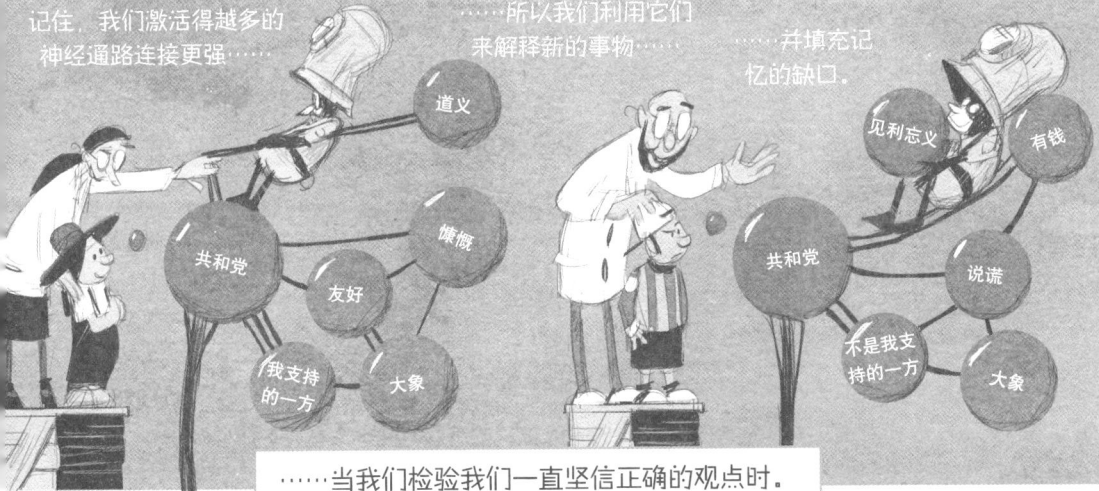

……当我们检验我们一直坚信正确的观点时。

降低税收证明了共和党的睿智。

降低税收证明了共和党的贪婪。

最后，当我们评估风险时，其他偏差又会影响我们。

这是前景理论……

……因为它有关我们如何评估前景。

一开始，我们可能会对概率做出不太好的判断：

她错不了的！

除非你计算过概率了。

我们高估了不可能的事件……

……并且低估了可能的事件。

鲨鱼致死的概率只有两亿五千万分之一。

我不要下水！

而飓风致死的概率是99%！

我要把这里加固一下。

但是更重要的是，我们评估收益和损失的方式很大程度上依赖于情境……

捡到100美元实在太开心了……

亏了100美元也太惨了……

……但是如果我刚中了500万彩票，还会在乎那100美元吗？

……但是如果我刚把裤子都输没了，还会不在乎那100美元吗？

……并且也会影响我们做经济决策的其他方面。

我们更可能费尽心思地……

……想在50美元的烤吐司机上省出20美元……

……而不是在2万美元的汽车上省20美元。

即便两种情况下你都是节省20美元。

更令人惊讶的是我们痛恨失败的程度。

不管怎么样，我都不想输。

这叫作"损失厌恶"！

结果大多数人都会强烈地喜欢这个……

……不喜欢那个……

……即便结果是一样的。

嘿，我捡到1美元！

嘿，这还有1美元！

嘿，我捡到3美元！

搞什么，我丢了1美元！

不管怎样，你其实最终都得到了2美元。

因为我们想回避损失的愿望如此强烈……

我玩"21点"赢了10美元……

……然后又输了10美元……

……我现在感觉心情大不如前了。

……所以我们对风险的判断很大程度上受到对它们的设定的影响。

我们可能因为害怕失去而赌一把……

……却不是为了得到……

……即便概率是一样的。

以选择失去一半，或硬币决定全部得到还是全部失去？

我不想失去，我要赌一把。

你可以选择拿一半，或者扔硬币决定全部拿走还是全部失去？

这有50美元。

我想安全一些，我拿25美元好了。

无论哪种方式你都或者得到25美元，或者通过扔硬币决定得到50美元还是一分都得不到。

有50元。

这种框架效应在赌场之外也会出现。

这个地区涌入了大量难民，而我们恐怕只能救助其中一部分人。

您希望我们怎么选呢，总统先生？

总之，无论我们在思考什么，通常都在运用认知捷径。

而这些捷径在帮助我们节省心理能量的同时，也可能让我们误入歧途。

一直往右拐是最简单的办法了。

但是如果那样做，就永远也别想走出这里！

在接下来的章节中，我们将看到这种认知效能感的驱动力也影响了我们如何认识我们自己。

你是一个认知吝啬鬼。

我知道你是什么样的，但是我不知道我是什么样的。

第二部分

认识自我

MAKING SENSE
OF OURSELVES

第五章

元认知

你是怎么知道……

……你知道……

……你知道什么呢?

而且你怎么知道……

……你不知道什么呢?

METACOGNITION

我们不只会思考。

我们还会思考如何思考。

我刚刚冒出个想法。

那叫作"元认知"。

但是我们在这方面做得怎么样呢？

我知道什么？

那叫作"元知识"。

我能记住什么？

那叫作"元记忆"。

在本章中，我们还会检验我们的自我评价……

……以及评价的可信度如何。

我思故我在。

不靠谱。

在记住你所知道的东西方面你做得还行。

但是在记住你过去不知道的东西方面你做得可不太好。

问题分类有植物
学……

……量子物理学……

……和棒球。

我选最后一个。

……但是我们都有系统性偏差，可能会造成过分自信。

关于棒球我简直是
无所不知、无所
不晓！

对于初学者来说，如果我们知道自己很容易获取信息，那么我们就倾向于认为自己什么都知道了。

棒球传奇"Oil Can
Boyd"是怎么得到
这个名号的？

我知道！

马上让我用手机
搜索一下答案。

也就是说我们把"我现在就可以知道"错误地当成……

……"它就在我的脑子里"。

我是学校里最聪
明的孩子。

让我们看看没有这
些书的话，你有多
聪明。

接着往下看……

我们还倾向于过高估计我们
认识事物的深度。

这被称为"解释深
度错觉"！

如果我们知道一个物体的
作用是什么……

……并且知道它是
由什么组成的……

……我们就会觉得自己
了解它……

这玩意就是制造冷
空气的，切！

不过是个装了
电线和风扇的
箱子。

我当然知道
空调是怎么
工作的！

……至少在被要求做出证明之前。

你能画出空调工
作原理图吗？

当然，多大
点事儿。

空气从这里进去，
然后在某个地方经
过冷却，接着……

……呃……

换句话说，如果我们有了
粗浅的知识……

……我们就会以为自己已经有了
复杂的认识……

我当然了解政
治啦……

……我投过票。

就像做肉酱
那么简单。

我提名我为总统！

……这些都和一种更令人震惊的偏差有关。

我们对自己掌握的知识往往会系统性地过分自信。

10道题我肯定做对了9道。

事实上，你只做对了7道。

这已经是被反复研究所证实的。

小·常识竞答游戏你玩得怎么样？

我能做对90%吧。

事实上也就70%多。

我因为自信才总能做对！

事实上你的平均正确率只有50%。

如果要求我们评价自己对于一般事物的认识程度……

……我们的自信心通常会高于我们的实际认知水平。

单词拼写怎么样？

正确率90%吧。

90%。

正确率有70%？

60%。

类似的偏差效应影响着我们的各种判断和决策，从如何估计我们自己对事件的影响力……

不是说我现在要中彩票，但如果让我写几个数字，我肯定能中奖！

这叫作"控制错觉"！

……到我们在时间分配上的能力有多么拙劣。

我确定我能在一个小·时之内完成。

不可能。

这叫作"计划谬误"！

如果是一项非常复杂的任务……

……我们认为自己能完成的时间都会比实际的短。

我在4个小·时之前就该预见到！

085

知之甚少的人往往最不能意识到自己的真实水平。

事实上并没有。

我肯定全对了。

在许多地方都能看到这种现象……

这叫作"达克效应"!

我的单词拼写能力那是相当牛的!

在搞笑方面我可是无人能及!

我既有能力又有洞察力。

事实上你既没有能力也没有洞察力。

……那就是令人震惊的现实存在的愚蠢的人。

在某种程度上,这是一种自我感觉良好……

柠檬汁可以当作隐形墨水……

……所以我把柠檬汁擦在脸上抢了两个银行。

如果你没什么元认知能力,你就意识不到你需要提高自己的认知能力。

……这种现象也警示着那些没有那么愚蠢的人。

你知道什么事情的感觉……

……就和你知道自己对还是错的感觉一样

几乎每个人都认为自己的能力
高于平均水平……

……也就意味着我们中的
一些人肯定是错的。

我玩扑克的水平可
是中等偏上的。

你的银行账户并不
能证明你的观点。

似乎将自己与他人进行比较时……

……我们就把其他人忘了。

我特别擅长打棒球！

我对我的棒球技
术评价很高。

所以，如果一项任务看起来很简单，我们就倾向于认为自己高于一般水平……

我的驾车技术比
一般人都好……

……特别是还
有动力转向

……但是如果一项任务看起来很难，我们就倾向于认为自己低于一般水平。

我是个不太会
玩的人……

……特别是下棋。

接下来我们将关注流畅性的问题。

当我们发现信息可以快速而简单地感知和加工时……　……我们就会更轻易地相信它。

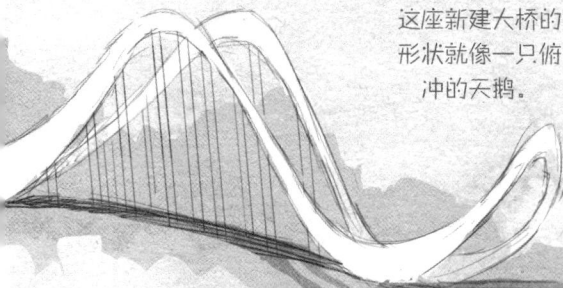

这座新建大桥的形状就像一只俯冲的天鹅。

要走上去试试吗？

好啊！

但是如果信息需要更多的认知加工……　……我们就会产生更多的怀疑。

这座新建大桥的悬臂在铸造的时候利用测径器校准了收缩系数。

要走上去试试吗？

呃，不要了吧。

这种认知流畅性的偏差影响了我们所做的大量决策……

……关于政治的……

……关于金融的……

……以及关于药物的……

"大嗓门"怎么又赢了？

他会听到的。

POC股票比XKF股票表现更好。

不要叫它XGLYPHUNSCHIOX……

……就叫它EXPLODIU……

……但是在进化过程中，它最初能够帮助我们生存下来。

如果对它熟悉了……

……在山洞外抓它的时候就不用费那么多力气了。

简单的重复可以增强认知流畅性。

这就是为什么广告中的信息总是重复出现。

我们越频繁地加工某种联想……

……它们就会变得越容易加工。

想法 #1

想法 #己

我过去很讨厌这个广告歌，但是现在我很喜欢。

山泉泥好……

山泉泥棒……

涂遍全身……

抚平皱纹……

山泉泥！

更为潜移默化的是，流畅性甚至可以被重复的否定所加强。

我的"大嗓门"对手不太聪明……

……不博学……

……不爱国。

声音大

聪明

大嗓门

博学

爱国

嗯嗯

换句话说，经常听到一件错误的事情……

……最终可能会让你觉得它是对的。

研究显示，山泉泥并不能减少皱纹！

我要山泉泥……

……我想减少皱纹。

多么令人惊讶，但这符合我们的神经网络原理。

不

我们喜欢丢掉细节……

……并且把它们重新组合。

减少皱纹

好

棒

一首好歌

光滑

山泉泥

黏黏的

啊！

狗　咬人　疼痛

别害怕，孩子。

并不是所有的狗都会咬人。

……也会把脆弱的链接排挤掉。

不是所有的狗都会咬人。

不是所有的狗都会咬人。

不是所有的狗都会咬人。

不是所有的狗都会咬人。

我不怕狗。

啊！

但是我们在预测这类事情方面做得怎么样呢？

时间会对我的记忆有什么影响呢，爷爷？

没什么好事，小姑娘。

在这种情况下，虽然我们感觉自己很好地记住了需要记住的东西……

……但是我们可不怎么擅长思考不可预测的事情。

不用写下来，我能记住你点了什么

给我一个汉堡包。

对不起，刚刚厨师把手切了，我就忘了你点什么了！

你怎么给我上了鱼汤？

更具体地说，我们倾向于假设如果现在的信息很容易加工……

……那么之后就很容易回忆起来。

亲爱的汤姆，我的心里都是你。

等我上大学回来，你还会记得我吗？

当然啊！

但是我们并不擅长预测可能会在未来使我们记忆的内容发生改变的因素：

例如，我们可能会遇到多少相似的信息……

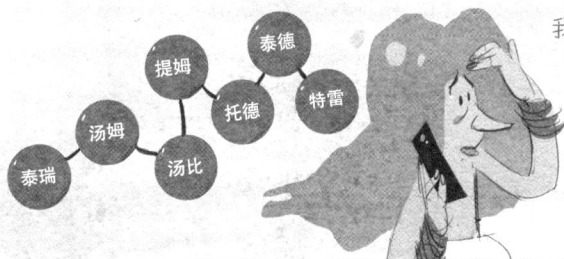

泰德

提姆

托德

特雷

汤姆

泰瑞

汤比

我肯定记得他的名字……

……但是我后来又和提姆、泰德、托德、泰瑞、汤比、特雷交往过。

……或者不寻常的经验来冲击我们的想法。

我的名字是格力扎尔多，我是个渔夫，我爸爸是个渔夫，我爷爷是个渔夫，我太爷爷是个……

你完全是个健忘的人。

并且这些因素导致了元认知中可预见的错误。

你忘了我的一切？

对不起特洛伊，我把高中时交往过的男朋友全忘了。

除了格力扎尔多！

格力扎尔多

所有这些又引起了另一个问题。

我们已经知道认知流畅性如何影响我们的判断……

……但是它会影响我们的记忆吗？

这就是为什么她那么喜欢他。

想着他是一件多么容易的事情啊！

想着他是一件多么容易的事情啊！

那能帮她记住他吗？

一方面，如果某事看上去很容易，我们就倾向于假设自己会记住它……

……即使没有任何保证。

我永远爱你，Sam Finkbeiner。

看，我告诉过你我一直是巨人队的粉丝。

另一方面，当进行长时记忆编码时，需要付出很多努力……

在记忆术训练营里，没有付出就没有回报！

记住！

……并且联想是令人不适的，就会激发我们付出额外的努力。

我们不需要记住牛，牛从不吃人。

但是这个家伙就事关生死啦。

牙齿

爪子

可怕的丛林猫

胡须

斑点

事实上，研究显示，当问题以模糊的字体呈现给我们时……

……经常会引发我们更深入的思考。

等一下，好像有点不对劲。

这是个陷阱问题！

不是摩西！

应该是诺亚！

哈哈，你利用的是第73页的系统2思维加工。

而其他证据显示，这种额外的努力……

$e=mc^2$

记住那个！

哦。

我痛恨这个训练营。

……也会帮助我们记忆更长久。

当你们拿到成绩单的时候就会感谢我的。

太痛苦了！

这是第53页讲过的深层加工。

当然如果某事实在太难太复杂了，我们也就不用烦恼去记住它了……

……但是提高到适当水平的难度似乎能引发更好的学习。

詹姆斯·乔伊斯的书实在太难懂了……

就算把《尤利西斯》弄成模糊字体也没用。

这本《图解心理学》就像恰到好处的电击量，刺激你更好地学习！

最后，或许在认识我们的思维时面对的最大盲点是……

……一旦我们知道了什么事情，就很难当成还不知道。

一旦你知道怎么回事，魔法就消失了。

那是因为一旦一个观点被整合进我们的联想网络……

……我们在操作网络时就不可能不顾它。

帕尔默去了普林斯顿……

……这让我想到王子……

……又让我想到皇族。

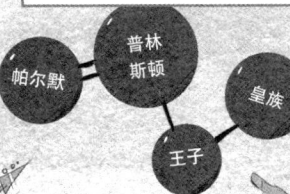

帕尔默 普林斯顿 皇族 王子

我怎么可能从帕尔默直接到皇族而不经过普林斯顿呢？

结果，当我们接触了新事物之后……

……我们倾向于假设自己早就知道了。

珍妮抢了艾米莉的男朋友！

你听说了吗？

我早就知道她作风不好。

这叫作"后见之明偏差"！

而当事情发生之后……

……我们倾向于忘记自己在事情进行时有多么没把握。

我就知道它一定行！

我的马赢了！

那你为什么把指甲都咬断了呢？

更糟糕的是，我们不仅不擅长记住自己的无知和不确信……

……我们也不擅长想象别人身上有这些"品质"。

我能前知五百年……

……后知五百年。

你看起来值得信任……

……能刷卡吗？

在司法公正系统中，这会带来各种后果……

但是法官大人，我就只是开车载她到银行……

……我怎么可能知道她要抢银行！

你应该是知道的！而且30年前！

……在更为普遍的问题上（如知识偏差）也是一样……

我太震惊了！

怎么会有人不懂微积分？

你简直是个白痴！

……还有个恶魔双胞胎，叫"冒名顶替效应"……

这里其他所有人都会微积分。

我一定是个白痴。

……它们都发生在我们对人们之间的知识差异缺乏认识的时候。

总之，虽然我们可能对自己胸有成竹……　　……但是我们经常会犯错误。

我知道我知道什么！

但是你不知道你不知道什么……

……还有你过去不知道什么……

……以及你将来不知道什么。

因为我们所有的认识都是不完美的。

你真的不知道这里面到底都有什么。

就好像你真的不知道这外面到底都有什么一样。

让事情更为复杂的是，我们心里的每件事都受到已经在那里的事情的影响。

你认为你所知道的……

……依赖于你已经知道的……

……或者至少是你认为你已经知道的。

所以，为了认识我们自己和世界，我们会做出推理，尽管经常是错的。

"推理"只是"猜想"的高大上的说法……

……利用的是你不完美的知识。

不要以为你知道我所知道的！

好的，只要你也不认为你知道你所知道的。

第六章

情　绪

我们都知道情绪是什
么感觉。

在本章中，我们将好
好认识一下情绪！

EMOTION

严肃的思想家早在数千年前就开始思考情绪的问题了。

诅咒你，苏格拉底！

你惹我生气了！

为什么？

不过这也没什么可奇怪的。

情绪不仅表现迅速，而且有冲击力……

……还是混淆不清和靠不住的……

……这就是为什么情绪会给我们惹来各种麻烦。

只要看到红色……

……我就抑制不住胸中的怒火。

你被解雇了！

在本章中，我们将通过三个问题来了解心理学家是怎么看待情绪的。

情绪是什么？

情绪具有普遍性吗？

我们为什么会有情绪？

让我们从第一个问题开始，情绪是什么？

最早的现代情绪理论是在19世纪由威廉·詹姆斯和卡尔·兰格提出来的。

詹姆斯-兰格情绪理论认为，世界上的事件……

……引发我们身体中的生理变化……

我们的心率提高了……

我们在出汗……

……而情绪是对身体变化的知觉。

……我们一定是在害怕！

事件 → 生理唤起 → 情绪

用术语来说，任何时候我们体验到情绪……

……都是因为我们身体中的某些生理系统被触发了。

你的心率提高了。

我欲火中烧！   我并没有！

你的肾上腺过度活跃。

你的却没有。

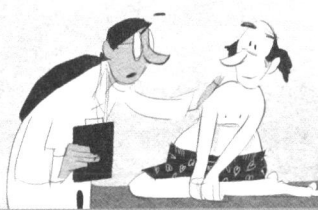

这个令人惊叹的理论带来一个重要的问题……

我戳你的头，你哭了，你感到悲伤。这太有趣了！

谁先产生的……

……是情绪还是生理唤起？

我们可以进行验证！

虽然更常见的观点似乎是情绪引发了身体的变化……

……但是反过来也是现实存在的。

我一看到大猩猩就害怕……

你害怕是因为你看到大猩猩时开始奔跑。

……所以我拔腿就跑。

换句话说，当我们倾向于认为情绪引发了身体反应时……

我笑是因为我高兴。

我的血液沸腾了，因为我生气了。

……詹姆斯-兰格理论却认为我们的身体反应在先。

事实上，你感到高兴是因为你在笑！

事实上，你感到生气是因为你的血液沸腾了！

为了验证这个观点，心理学家进行了面部反馈研究。

只用一支铅笔……

……我们能让你拥有不同的面部表情……

……然后观察你的感受。

让我们看看他们是怎么做的吧！

研究发现，如果让人们简单地用牙齿水平地咬住一支铅笔……

……他们反馈的是积极的情绪。

这个动作迫使你收缩颧肌，在你展现笑容的时候也会用到这块肌肉。

我更喜欢别人了！

这本书可真好笑！

吃铅笔的感觉真不错！

如果你改变铅笔的位置，让人们把它夹在嘴唇之间……

……他们反馈的是消极的情绪。

这个动作迫使你使用颈阔肌、降口角肌和眉间肌。

我不喜欢你。

这本书没什么意思。

铅笔的味道真恶心！

然后，不管用什么手段让他们皱起眉头……

……都会引发困惑和/或焦虑。

降眉间肌。

你有什么感觉？

别这样。

这些实验显示：出生理唤起在前，情绪在后。

我们的生理感知先于心理觉察！

微笑让你快乐……

……而皱眉让你悲伤。

但是除了这些还有别的。

詹姆斯-兰格理论认为生理唤起和情绪的关系尤为密切……

走开！

……而随后的更多理论则强调情绪似乎也涉及认知解释的观点。

我的身体和心灵都让我想跟你在一起。

特别是，沙赫特-辛格理论指出，同样的身体反应……

我们的心率都加快了……

……并且我们都出汗了。

……可能在不同的情境下刺激出不同的情绪。

……但是我在害怕……

……而我在恋爱！

用术语来说，我们的情绪反应不仅受到我们的生理反应所影响……

……而且受到我们对所处环境的解释所影响。

如果给你注射肾上腺素，你的心跳就会加速……

……于是你的肾上腺进入兴奋状态。

然后，如果我们给你看一张大猩猩的图片，你就会感到害怕……

……但是如果我们给你看一张性感帅哥的照片，你就会很兴奋。

事件　→　生理唤起　→　解释　→　情绪

恐惧

情欲

支持沙赫特-辛格理论的一项经典研究是达顿和艾朗的吊桥效应研究。

几个男人在过一座危险的桥，桥头站着一个漂亮的女人……

……还有几个男人已经从桥上下来10分钟了。

这是我的电话号码……

我手心冒汗了。

我心跳加速了。

……如果你想和我聊天，就打电话给我。

我的手心不再出汗了。

达顿和艾朗发现第一组男人更有可能打电话给那个漂亮女人！

我们之中有65%的人会打电话给她。

她可真漂亮！

没那么好看嘛。

我们之中只有30%的人会打电话给她。

当然每个男人的反应都不一样。

但是重点是他们的情绪反应极大地受到他们所处环境的影响。

真糟糕。

我还能说什么？

我刚刚差点就掉到峡谷里了。

我们会把害怕转化成情欲！

这就是为什么我们约会的时候总是喜欢去看恐怖电影。

接下来我们进入下一个问题，情绪具有普遍性吗？

世界上的所有人体验的是同样的情绪吗？

无论文化和语言……

……或者生活环境不同？

事实上，心理学家一致认同全世界的人们大概有7种基本情绪。

高兴

悲伤

愤怒

恐惧

厌恶

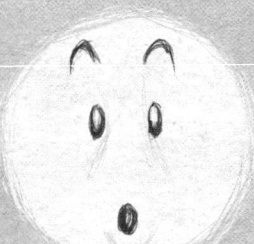

惊讶

鄙视

虽然确切的数量还存在争议……

我们应该把高兴划分到另外一个类别里……

……就像快乐、满意和满足！

那么摩擦铅笔的恐惧能区分出来吗？

……一些可靠的证据表明至少普遍存在这7种基本情绪。

情绪普遍性的例子来自方方面面。首先，所有文化背景的人们都有相似的面部表情……

……而且人们能够准确地识别出照片上一个长得与自己完全不一样的人的表情。

不管你给谁看这张愤怒的爱斯基摩人的照片……

……他都不会说这个人很高兴。

其次，有证据表明不同的情绪与特定的生理反应有关系。

无论何时何地任何人感到害怕，大脑中的杏仁核都会被激活。

愤怒总是伴随着心跳加快。

无论你是海盗还是马赛人。

最后，所有的语言都有关于这7情绪的词语。

如果人们没有体验过这些情绪，怎么会有这些词语呢？

虽然一些语言中有的情绪词似乎没什么普遍性……

……或者很难翻译……

"Hagaii."

"Mehameha."

"Schadenfreude."

"Litost"是捷克语中用来描述哀伤、懊悔和渴望的……

……但是你必须像丧家之犬一样哀号，才能真正表达出它的意思。

……但是大多数人的7种基本情绪体验都是惊人相似的。

我们的情绪具有相当的普遍性已经基本达成共识，那么最后一个问题是，为什么会有情绪？

船长，请告诉我你为什么有感情？

斯波克，你啥意思？

首要的答案是，情绪可以帮助我们做出快速判断。

情绪对我来说似乎太不合逻辑了。

啊！

事实上，有证据显示，人在100毫秒之内就能够产生情绪反应……

船长，出啥事了？

够快吧。

……也就是说，在我们没有时间思考就得快速做出反应的情况下，情绪是非常好的指引。

也许它们确实很符合逻辑。

啊呜！

但这并不是全部。

情绪来得快，去得慢，它们可以在清晰的记忆消退后依然留存着。

我不知道这是哪，但是我总觉得在这发生过什么不好的事儿。

进行检验的一个好办法是给有健忘症的人看一张穷凶极恶的杀人犯的照片。

这个男人干了极其恐怖而且凶残的事情。

然后，等到5分钟以后……

……这个有健忘症的人不再记得这张脸了……

……但是依然会记得对他挥之不去的情绪印象。

你以前见过这张照片吗？

没有。

但是我可不怎么喜欢他。

相同的效应在记忆力正常的人身上也有体现……

……只是花的时间比较长……

哈哈！我刚刚从你家人那里骗了不少钱！

不知道为什么，我从小就不信任穿格子衣服的人。

……而且会显著影响我们对其他人的判断。

我不知道为什么不喜欢他，但是我敢肯定我有充分的理由。

你可以在关于刻板印象的章节中了解更多内容。

正如我们看到的那样，情绪帮我们在当下做出快速的决定……

……并且引导我们随后的行为。

你想让这支铅笔一直在你的额头摩擦吗？

不要！

这就是为什么心理学家认为情绪是一种重要的适应机制。

数百万年前，我们的祖先在遇到危险的时候可能会像这样尖叫。

啊啊啊！！！

并且会做出这样的反应。

然而，即便情绪对我们的生存有明显重要的作用，情绪也不是完全可信的。

现在我们也总能听到类似的声音。

啊啊啊！！！

并且也做出同样的反应。

这既解释了为什么我们会对特定的声音产生消极的生理反应……

我好害怕呀！

没什么危险，我只是在敲鼓……

……同时我在用指甲挠黑板。

……又解释了为什么情绪反应有时会阻碍我们更好的判断力。

这个房子里又脏又乱，臭气熏天。

但是如果房子散发出新鲜出炉的饼干味儿，我的顾客就不可能注意到里面的真实样子。

特别是，情绪的欺骗性可能会导致神奇古怪的想法。

也就是说，有时候我们明知道自己的想法没有道理……

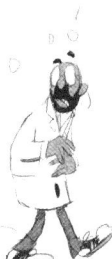

……却不由自主地还是那样去做。

我知道不会有什么用……

……但是每当我们送祭品去火山口的时候，我都会戴上我的幸运帽。

例如，当面对下面这样的情境时……

然后倒入苹果汁……

……再盛起一杯。

瞧！

来一杯吧！

先我们买一个未使用过的全新马桶。

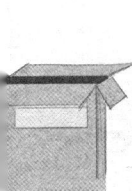

……大多数人都恕难从命。

船长，你的情绪影响了你的判断。

这杯果汁清甜可口。

我可不行，我只是个普通人类而已。

情绪在其他很多方面也不怎么可靠。

积极偏见是指人们记忆中的过去往往比当时的真实情况更美好。

当我还是个小男孩的时候，我们不得不光着脚、冒着雪去上学。

那叫美好的旧时光。

事实上，如果要求人们在日记中记录下对于生活中某些事情的情绪反应强度……

这个蛋筒冰激凌？ **8**

这场派对？ **7**

生孩子的痛苦？ **11**

被铅笔摩擦过的心理阴影？ **9**

……随着时间的流逝他们对强度评定的分数也会降低！

10年前那个蛋筒冰激凌？ **6**

那场派对？ **5**

生孩子的痛苦？ **5**

4

类似这样的实验表明，所有情绪记忆都会随着时间而消退……

……但是消极情绪消退的速度更快……

根据我的日记，我过去的感觉有10分……

……但是我现在都不怎么记得了。

你还记得生孩子的痛苦吗？

让我们再生一个吧！

……于是，我们整体的记忆都偏向于更积极。

人们总是戴着玫瑰色的眼镜回忆过去。

另一方面，持久性忽视是指我们会忘记情绪的持续时间……

你在这里多久了？

我不知道。

……但却会记得峰值强度和最终强度。

例如，如果让一群人把手放在冰水里5分钟……

……然后让其中一些人再把手放在稍微没那么冰的水里30分钟……

……第二组人对整个体验的评定是没有那么痛苦！

8

6

在类似这样的情境中，当被要求用数字来评定整个体验时，人们通常会取峰值和终值的平均值。

既有愉悦又有痛苦的快感体验尤为如此。

$$\text{你的快感体验} = \left(\frac{\text{峰值强度} + \text{最终强度}}{2} \right)$$

由此可见，你可以通过改变最后时刻的体验的好坏来扭转一个人的记忆。

这个方法已经应用于医疗领域，以帮助接受某种令人不适的疗法的患者减轻痛苦。

我在折磨完我的学生之后，会给他们吃冰激凌……

……他们会天真地记住这个体验。

我把这个插进去之后，会放置一段时间……

……这样会让你觉得没那么痛苦。

在本章中，我们已经看到情绪是如何引发生理变化的……

……以及是如何受我们对这些变化的认知解释所影响的。

我切洋葱时会哭……

……这让我感到伤心。

那是詹姆斯-兰格！

没关系爸爸，我可以用放屁声让他们破涕为笑。

那是沙赫特-辛格！

我们还学习了情绪是如何帮助我们对重要的事件做出快速反应……

……以及它们倾向于比我们的记忆保存更长时间。

跑啊，斯波克！

不，船长，那不合逻辑，它多可爱啊！

我不记得我为什么知道那玩意很危险了。

总之，我们的情绪是帮助我们认识身边发生的疯狂事情的重要工具……

……即便情绪有时候会误导我们。

我想我坠入爱河了。

那只是因为我让你觉得自己心跳加快了。

第七章

动 机

MOTIVATION

你的动机是什么？

你的角色想向世界证明他害怕蜘
蛛巨怪是合理的，而且……

不，我的意思是我
的动机是什么？

为什么我要把时间浪费在
这个破电影上？

各种各样的事物都会驱动我们的行为。

为了金钱而工作

为了爱情而工作

为了金钱而恋爱

最早试图对动机进行分类的理论之一是亚伯拉罕·马斯洛的"需求层次理论"。

金字塔的底端是最基本的需求……

……包括维持生存的必需品。

金字塔的顶端是我们最大的潜能。

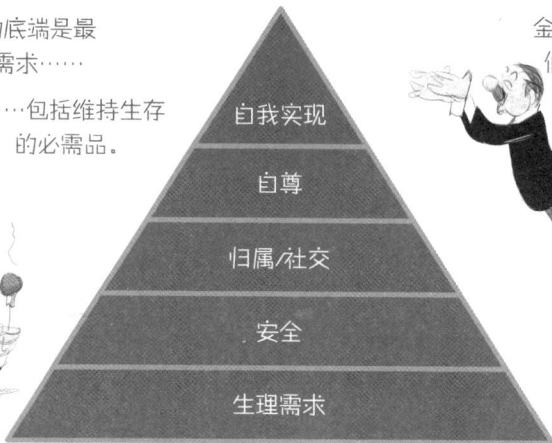

如果我们实现了它，就得到了真正的幸福。

自我实现

自尊

归属/社交

安全

生理需求

根据马斯洛的观点，我们从底层开始……

……向着顶层努力。

激励我的是饥饿、口渴、温暖，以及氧气。

激励我的是诗歌、音乐、真理和香薰蜡烛。

而且只有满足了下一层需求后才能向上一层进发。

我吃饱以后……

……要保障自己的安全……

……然后找到爱情……

……接着功成名就……

……最终才能彻大悟。

当然，这个模型过于简单化了。

别在战壕里写诗了！

你不能跳过底层需求。

虽然它能帮助我们厘清我们许多矛盾的动机……

我渴望稳定和刺激的生活！

……但是无法解释我们可能会以牺牲低级需求为代价来追求高级需求。

我不吃，它不安全。

我不吃，因为吃这个太不酷了。

我不吃，因为我没自信。

我为我信仰的宗教而禁食。

无论如何，让我们以马斯洛金字塔的底层为起跳点……

……因为人们确实会优先考虑安全和食物问题。

我不想跳进去……

……除非我能确定里面没有鲨鱼。

首先，我们为什么要吃？

这个看似简单的问题并没有简单的答案。

我们为生存而吃！

为什么我不能停止吃呢？

当我们吃饱的时候会有生物信号通知我们。

我们的肠道和脂肪细胞能够分泌饱食激素。

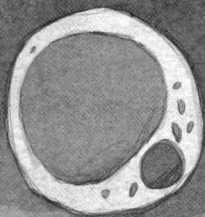

告诉中央司令部别再吃了！

增加多肽！

增加胰蛋白！

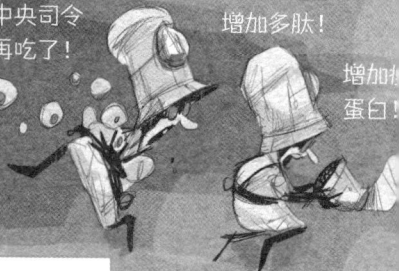

但是生理信号也很容易被心理信号所动摇……

例如，如果你更换饮料瓶上的宣传语……

……就会改变我们的认知体验。

中央司令部认为这杯饮料是"低卡路里的"。

放纵一下

低卡路里！

所以我喝点叮

……因为心理信号太强大了。

再给我来一盒。

那些激素与油脂和盐糖的气味不相融。

如果是"低卡路里"的话，就给我再来两盒。

事实上，当我们试图确认自己吃没吃饱时……

……我们倾向于根据食物是否触手可及来判断。

你饱了吗？

我应该没饱……

……自助餐台还开着呢。

如果把食物移开，我们就会少吃点。

如果把食物藏起来，我们就不会再吃了。

哦，糖果罐……

……你为什么离开我？

不看……

……不想……

……不吃。

正如我们在一项经典研究中看到的，如果有人在我们不知道的情况下不断补充食物……

……我们就会不知道该什么时候停止吃。

如果人们喝一碗一直在自己偷偷装满的汤时……

……人们会比平时多喝73%以上的汤！

哦，我可真是眼睛大肚子小·

这就是为什么简单又方便的减肥办法是使用更小·的盘子．

我吃的是原始人套餐。

我吃的是节食套餐。

我们的基本动机因生理和心理的交互作用而变得复杂……

我的心选巧克力甜甜圈……

……我的肚子选熊爪糕。

……而我们更高层次的动机更不可能那么简单。

我吃东西的动机依赖于盘子的大小……

……而我约会的动机依赖于他钱包的大小。

例如，根据一些经济学理论，我们是受外在所激励的……

"外在"就是"从外面来的东西"。

……因此我们做事情是单纯为了获得外在奖励……

驾！

……以及为了逃避外在惩罚。

驾！

但是这样的说法太简单粗暴了。

虽然奖励和惩罚很明显会对我们造成影响……

……但是它们有时候也并不像预期的那样起作用。

我做这个只是为了胡萝卜。

我其实不喜欢胡萝卜。

奖励施予的方式稍有不同……

……就会产生意想不到的后果。

我会按小时付你钱的。

那我就干得慢一点，这样能拿更多钱。

我会按整个工程量付你钱。

那我要想尽办法快点完成，好拿到钱。

从水暖工到教育领域……

如果你的学生通不过统考，我们就会惩罚你的学校。

那我得把成绩最差的孩子开除掉。

……以及实验室之外真实世界中的一切，无不深受影响。

实验室里的一切就简单多了。

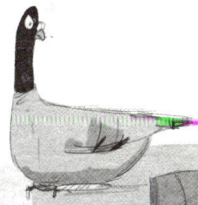

一些激发动机的尝试可能会起到完全相反的效果。

我说往那边走！

我讨厌胡萝卜！

例如，有时候付钱真的会降低人们的动机。

小孩子乱涂乱画是不需要什么动机的……

……但是如果给他们钱让他们乱涂乱画，他们就不再画了。

这叫作"过度辩护效应"。

你怎么不画了呢？

给我钱！

而有时候惩罚可以让人们去做他们原本不想做的事情。

在我们托儿所，父母总是很晚才来接孩子……

但是当我们开始要求他们为此额外付钱时，他们晚接的次数更频繁了。

你为什么来得这么晚？

因为我给你钱了。

这是另一种"反常激励"。

激励困难一部分原因在于我们是从自己的经验角度出发的……

……其中交织着多重社会意义。

我那个品行恶劣的老爸是个种胡萝卜的农夫。

在我的老家，大家从来都不吃橘色的东西。

社会意义可能会轻易地将一种激励……

……变成一种惩罚……

嗨，美女，一起去玩玩？

我出打车钱。

走开！

……反之亦然。

你太失礼了。

放学后留下！

唉，他是个不良少年！

不好意思，女孩们，办公室需要我。

显然，为了解释我们如何对外在动机做出反应……

……我们还需要调动内在因素。

我给他钱他才肯学……

……但是他随便就能投篮。

欢迎加入国家队！

121

自我决定理论试图通过从内在激发我们的混合因素来进行分类。

"内在"的意思
是来自内部的。

我不拉，除非
我愿意拉。

理论认为，我们有三种基本目标：

我们渴望形成强烈的社会联结……

我们称之为关系。

我需要尊重。

我只是不想孤
单一个人。

……渴望实现对我们的生活和行为的控制……

我们称之为自主。

我需要自由。

我只是不想
被打扰。

……渴望掌握和精通做事情的技能。

我们称之为胜任。

我梦想着有一
技之长。

给我遥控器。

根据这一理论，当三个目标都近在咫尺时，内在动机最为强烈。

例如，想让我们在学习上得到最大程度的激励，就要有人在意我们……

过来，咱们坐一起吧！

比一个人强。

……并且我们在这个过程中有自主权……

来吧，我们一起求导数！

好，但是让我先休息一会儿。

……以及我们能看到自己的能力。

看，数学之美！

反过来，如果缺少这三个目标中的任何一个……

……都可能破坏我们的动机。

其他人都喜欢数学……

……只有我数学太烂了。

你看到遥控器了吗？

检验动机的方法之一是看看我们如何对外在目标进行反应……

……以及这些目标的变化如何改变我们的行为。

一步一个脚印就好。

做最好的骡子！

研究者发现"成绩目标"……

……和"掌握目标"……

我要每周烤100个面包。

我想成为厉害的烘焙师。

……在短期内可能会引发完全不同的结果……

我的实验就是一场灾难。

任务完成！

……对于长期也是一样。

老样子，老样子。

简直完美！

研究者还发现不同的目标是如何改变我们所关注的……

那真是条引人遐想的裙子。

那真是本有趣的书。

那真是凹凸有致的身材。

……以及我们所选择的。

我想吃美味的食物。

我想吃健康的食物。

一般情况下，我们的目标所指引的方向是好的……

……但有时候也并非如此。

你的注意力集中在这个奖赏上……

……就会忽略那个奖赏。

我发誓我真的瞄准目标了。

特别不好的例子之一就是自我设限：

假如我们投入一项任务中……

……但是我们的主要目标其实是保护我们的自尊……

我在追女孩子。

如果我失败了，那我就完了。

……我们有时候会故意破坏自己的成功……

……来让自己逃避失败的感觉。

嗨，嗨……

……能告诉我你的电话号码吗?

没门儿。

哎呀!

她一定不喜欢这顶帽子。

同时，这也能让成功的感觉更加幸福……

……让失败更不可能发生。

她说可以……

……就算我戴了这顶帽子!

她对我一定是真爱!

哥们儿，她逗你呢!

125

当我们没有自我设限时……

……哪种目标更好呢?

我总是用同样一支球杆……

……当我打不好球的时候,人们就会责怪球杆。

我们是不是应该把球洞弄大一点?

许多实验表明,一般性的目标……

……比具体性的目标效果差……

……并且具体性的目标越有挑战性越好!

他们让我在2分钟之内折越多越好。

我折了两个。

他们让我在2分钟之内折4个。

我做到了!

他们让我折9个……

于是我就折了9个。

这叫作"目标设定理论"。

但是我们能够克服的困难是有限的……

……并且我们与目标之间的距离也很重要。

你来折31个。

那也太难了吧?

我可不想失败。

如果我能折出27个,我就满足了。

但是如果我只折了10个,那我就没什么干劲儿了。

这叫作"目标梯度理论"。

这解释了当我们面对令人生畏的任务时……

……为什么分解目录是有帮助的,因为这样做放大了我们沿途的成就感。

我是怎么认为自己能写小说的?

1. 写提纲
2. 吃三明治
3. 写小说

我已经完成三分之二了!

126

根据实现目标过程中的具体障碍来制订具体的
计划也是很有用的。

太可怕了，又一
个海市蜃楼！

也就是说我还得继续
往前爬！

无论我们想要改变的是什么，这些计划都给出了具体
的 "如果-那么" 的情况。

如果我看到一
只蜘蛛……

……那么我就
会屏住呼吸。

如果我看到奶油
夹心蛋糕……

……那么我是不
会吃它的。

结果我们的好想法经常不能实现，因为它们太模糊了……

我的新年愿望……

……就是明年有一个完
全不同的新年愿望。

……而我们想要的是如何完成目标的具体指引。

我们应该注射
流感疫苗。

如果你写下想要
做一件事的日期
和时间……

……你就会更有
可能完成它。

这叫作 "执行意向"！

尽管本章谈到了各种技巧和窍门……

……但是动机仍然是让人捉摸不定的。

我想要受到尊重，有控制感和成就感……

……并且我希望我的目标是触手可及的。

你更喜欢胡萝卜蛋糕吗？

然而，有一种方式比其他任何动机都更能起作用。

你怎么才能登上卡内基音乐厅？

所有都是你的一厢情愿。

当我们练习得足够多时，做一件事就会变得自动化……

……同时，我们做这件事也最有可能成功。

过去我是把一只脚放在另一只脚前面……

……现在我只是在走路而已。

现在我既不用去想怎么刷牙……

……也不用去想怎么弹琴。

所以，通过激发动机来改变行为是有可能的……

……而完全没有动机也不是不行。

加油！加油！加油！

我实在完全提不起劲儿……

……但我还是会去做的。

128

第八章

压力与健康

STRESS AND HEALTH

ALARM!

警报！

| 至此，我们已经了解了大多数的心理状态…… | ……但是为了更好地了解我们自己，我们还需要了解我们的生理状态。 |

我的心说："停下！"……

……但我的身体说："追上去！"

心灵和身体发生交互作用的一个重要方式是通过应激。

当我用铅笔扎你的时候……

……你的身体告诉你的心灵："发火吧！"

当我们放松的时候…… | ……我们的身体主要由副交感神经系统控制着……

……它掌管的是休息和消化。

也可以说是休养生息。

降低心率

提升消化功能

但是当周围出现应激源时…… | ……我们的身体就激活了交感神经系统…… | ……它掌管的是战斗和再战斗。

降低消化功能

增加心率

吓死啦！

从技术上讲，应激源可以唤起身体需要的任何事物……

我饿了。

我好冷啊。

我被打脸了。

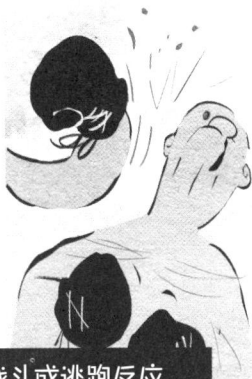

我被注射了刺激性的化学物质！

……并引发我们的战斗或逃跑反应。

我身体僵硬。

我神经紧张。

我生气了。

我被针刺了。

但是正如我们将在本章中看到的，那些反应也可能在其他时候被唤起……

……无论我们愿意与否……

我感觉自己正在被大猩猩追赶。

太刺激了！

我觉得自己还在被大猩猩追赶，停不下来了。

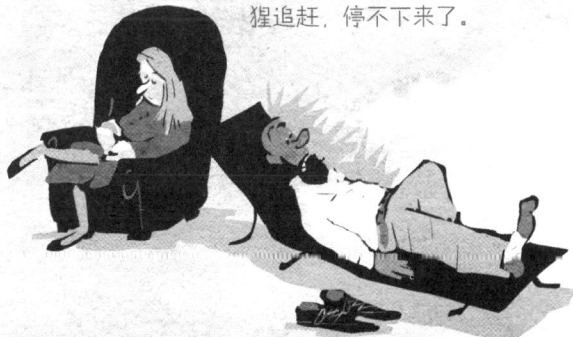

……并且也可能引发不好的结果。

131

很显然，应激反应是为了保护我们的安全而进化出来的。

但是除了生理上的应激源……

……我们还会体验到心理和社会的应激源……

你是个废物。

你可真丑。

你被解雇了。

……甚至有时候它们并没有真的出现。

他们认为我又笨……

……又丑……

……我会被解雇的。

所有这些压力的累积效应可能会导致长期的伤害。

受不了啦！

受不了啦！

受不了啦！

受不了啦！

慢性压力会对健康产生严重的影响：

减弱我们的心理能力……

没时间思考……

我想逃离！

……消化能力……

没时间吸收营养……

……繁殖能力……

没时间发展性爱关系……

……免疫系统……

没时间治愈……

……甚至抑制我们的生长发育。

没时间长大……

更重要的是，我们身体的应激反应会增加压力感受……

……并且引发比原始压力源更严重的损害。

我压力好大……

……总是压力好大……

……总是压力好大……

……总是压力好大……

这叫作"反馈循环"

我的心脏经常跳得跟摇滚乐队似的。

我们通过观察溃疡情况…… ……检验皮质醇…… ……测量血压……

……以及问问题来评估应激水平。

你最近有感觉到任何不舒服吗？

让我来告诉你吧。

这些测量显示，有些人天生就精神高度紧绷…… ……相比另一些人来说……

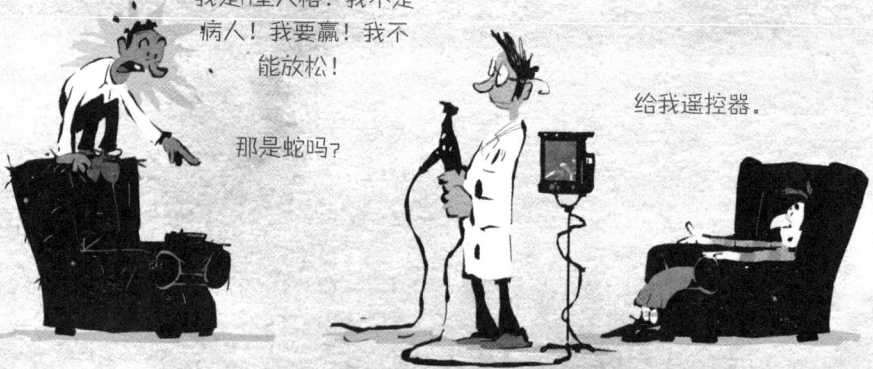

我是A型人格！我不是病人！我要赢！我不能放松！

那是蛇吗？

给我遥控器。

……他们也更有可能患上和压力有关的疾病。

他要去哪？ 医院。

但是这些检测也展现出，大多数人都承受着不健康的压力水平……

工作！

孩子！

金钱！

性！

……甚至对公共卫生有着更广泛的影响。

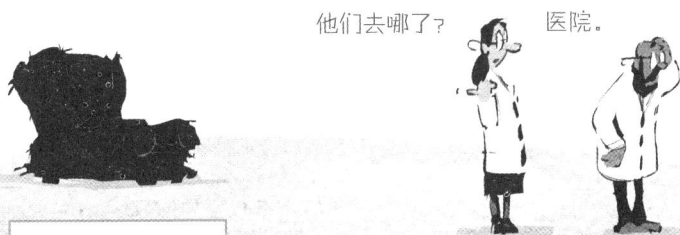

他们去哪了？

医院。

并且随之而来
的问题是：

我们该如何应对？！

首先，对生活有控制感就可以简单地改善我们的长期健康。

如果我有一根长矛，我就不会那么提心吊胆了。

在一项开创性的研究中，研究者让疗养中心的一些住院者承担一些职责……

……而另一些则没有……

你可以自己制订日程表！

你需要照顾这些植物。

什么都别做。

我们会照顾你的。

……结果显示，被赋予职责的人活得更久！

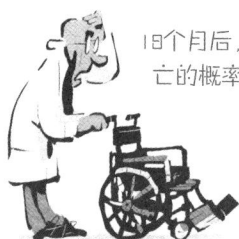

18个月后，他们死亡的概率减半！

我喜欢种雏菊而不喜欢摘下它们。

当事情没那么严重时，我们可以用这样的方式来解决压力问题。

给我升职……

……否则我认为你就是想让我从一个上班族变成流浪汉！

类似的现象在老鼠身上也可以观察到。

我实在厌倦了激烈的竞争。

跟我说说吧。

反复受到随机出现的轻度电击的老鼠……

ZZT!

哎哟，我的溃疡啊。

嗞！

……相比能得到提前预警的老鼠产生了更多的应激反应。

听到铃声了吗？

ZZT!

也没那么糟糕嘛。

做好准备！

嗞！

而有能力阻止电击的老鼠……

……可以有效降低它们自己身体的应激水平。

当电击来临时……

……我可以拉动手柄来停止。

当电击出现时，我只能从头到尾忍受着……

……我没有手柄。

电击对我来说只不过是困兽之斗。

哎哟，我的溃疡啊。

这说明压力很大程度上来自不可预测性……

……而最好的解决方法就是变得有能力去应付。

真正的折磨不是等待火车的到来……

……而是不知道火车什么时候会来！

如果我可以用手机查看列车时刻表，我就会放松许多。

事先知道有助于减轻压力……

如果你知道需要等待多长时间……

……等待就变得容易多了。

……然而特定的解释也有助于减轻压力。

糟糕，我的杯子已经空了一半了。

我的杯子里还有一半水呢。

例如，当我们遇到不好的事情时……

你们俩这次考试都没通过！

……总是认为错误的产生源于我们自身会产生更大的压力……

……相比认为错误只是暂时的运气不好造成的，就不会有那么大的压力。

总是

永远

我是个笨蛋

不可避免

我的错

F

我太差劲了。

我要去吃个冰激凌。

下次我会做得更好

我能活在这个世界上真是一件幸运的事情

考试是不公平的

我才不管发生了什么

F

这说明我们可以练习以更健康的方式来应对……

至少我们不用被老虎追着跑！

这叫作"认知重评"！

……虽然很显然这样的事情做起来没那么简单。

138

更直截了当缓解压力的方法有冥想……

……运动……

唔

唔

呼

呼

……幽默……

……以及社会支持。

一只老鼠和一个瑜伽大
师一起洗澡……

好吧，讲真我挺
喜欢你的。

所有这些都被证明有助于我们的健康……

……以及我们的认知能力。

我不会死啦！

走完这个迷宫，我要去解
决希尔伯特问题！

接下来让我们看一些神秘的问题。

我们见到过一些因身体上的变化而影响心理的情况……

……那么反之亦然吗？

慢跑对你的大脑很有好处！

我希望填字游戏能对我有帮助。

特别是，仅仅通过信念和意志就能够提升一个人的健康水平吗？

如果你的信仰够忠诚，神就会奖励你……

……6块腹肌！

一方面，虽然有一些证据表明宗教信仰能够缓解压力……

……但是鲜有证据证明宗教信仰能够真的治愈疾病。

我运动，我健康。

我祷告，我健康。

或许你信仰崇高……

……但是它解决不了你的腰疼问题。

另一方面，大量证据表明，对于药物的信念可能产生惊人的效果！

爬上台阶，来拿你的安慰剂！

保证减少疼痛……

……还有你钱包里的钞票。

这里面只有淀粉和糖。

这颗药丸有不可思议的力量！

但是一次又一次，它们表现出对身体症状和功能的影响。

这是现有唯一能够缓解恶心、失眠、高血压、抑郁和头痛的药物……

……也能加重恶心、失眠、高血压、抑郁和头痛。

然而，每个人都不应该错误地认为这是安慰剂的疗效……

它起作用是因为你的希望值更高了……

……而不是把它们放到更高的地方。

……这再一次证明，我们自上而下联想的强大影响力。

这颗药丸的威力……

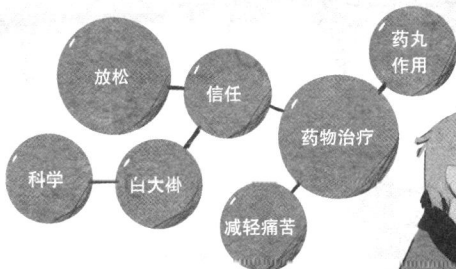

……完全在于你有多么相信它。

放松

信任

药丸作用

科学

白大褂

药物治疗

减轻痛苦

它可不仅仅是小药丸啊。

141

结果证明，我们的信念和期望不仅能影响我们的体验……

……还能影响我们的身体功能。

你是怎么想的……

这瓶酒的作用……

……取决于你是怎么想的。

……取决于你是怎么想的。

一些研究显示，如果我们被告知某种酒更贵……

……我们就倾向于认为这种酒更好喝。

价格是$99.99……

……这红酒一定很好喝。

另一些研究显示，如果我们被告知某种健康品更贵……

……我们就倾向于认为它更有效。

这种昂贵的饮品可以消除疲劳……

……这种便宜的也有同样的作用。

我活力四射！

我筋疲力尽。

并且如果我们被告知某种精神振奋剂更贵……

……它真的会发挥更大的作用。

这种昂贵的饮品能够改善心理功能……

……这种便宜的也有同样的作用。

"cemliar recu"就是把"miracle cure"的字母顺序打乱了！

"cobelap"是把什么单词的字母顺序打乱的……

……呢？

有这么一个"自认喝醉"效应。

我们也称之为"安慰剂"。

如果我们被告知某种饮品里面含有酒精，而事实上并没有……

……我们仍然会喝得醉醺醺的。

再喝一轮！

谢谢哥们儿。

我爱你，老铁！

你瞅谁呢？

我瞅谁呢？

这种效应的作用非常显著，以至于研究者们认为期望对于醉酒……

……能起到和化学成分同样的作用。

这鸡尾酒劲儿可真大！

是不是？

柠檬汁、糖浆、苦味剂，再加上一点欺骗。

那么，我们多年来对于神奇疗法和饮食偏好的持续热忱……

……或许只是因为我们坚信它们会起作用。

我吃的是原始人饮食。

我也是！

而且是无麸质饮食。

你吸收了什么这件事是生物学范畴。

但是你怎么吸收的……

……可能依赖于你是怎么想的。

143

在本章中，我们了解到压力带来的损害……

……以及安慰剂的作用。

我们再一次看到，心理联想是如何建构我们的经验的……

……无论心灵还是身体。

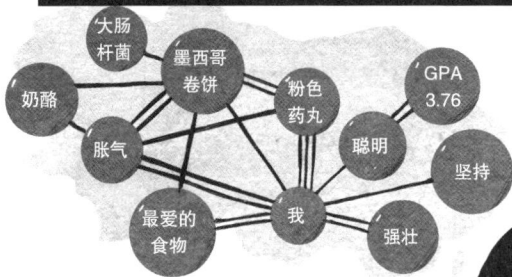

大肠杆菌
墨西哥卷饼
奶酪
胀气
GPA 3.76
粉色药丸
聪明
坚持
最爱的食物
我
强壮

"粉色药丸……

……帮助强壮的人……

……消化墨西哥卷饼

接下来，我们将看到心理联想是如何建构我们对他人的经验的。

你觉得我胖吗？

呃……

懒惰
大块头
糖尿病
胖
棒
骤停
打击乐
1992年
性感

第三部分

认识他人

MAKING SENSE
OF EACH OTHER

第九章

语 言

LANGUAGE

给我画！

虽然语言是我们沟通交流的主要工具……

……但是语言并没有我们想象中那么管用。

我们都有服兵役（bear arms）的义务！

你的意思是赤裸的（bare）……

……还是灰熊那样的（bear）？

事实上，分析研究发现我们的言语和书写几乎总是模棱两可的……

那只胖猫很冷！

你的意思是温度低的冷……

……还是性格很冷酷？

……我们能成功地进行沟通交流，简直太令人啧啧称奇了。

你的律师是个鲨鱼（shark，又意为骗子）？

你害怕猴子酒吧（monkey bars，意为攀爬架）？

你在交通果酱里（traffic jam，意为堵车）？

许多单词都有多重含义。

时光飞（fly）逝……

……果蝇（fly）喜欢西红柿。

……语音……

相同的读音"也（too）"可能拥有多种多样的含义……

……和"2（two）"一样。

嗨，我叫米尔顿·奥格斯特（August，意为八月）。

很高兴认识你，米尔顿。

九月的时候你叫什么名字？

……以及结构。

甚至句子结构也会影响意思表达。

昨天晚上，我射中了一头大象，它穿着我的睡衣……

……它是怎么穿上我的睡衣的，我永远也不会知道。

更糟糕的是，人们说出来的话往往并非真正的意思。

人生的秘诀在于诚实和公正……

……如果你能假装做到，那么你就已经做到了。

即便我们在作诗、讽刺别人或者反应迟钝时，我们仍然能够相互理解……

那个乡巴佬这下稳赢了。

他来来回回不就那一招吗？

他很快会恶有恶报的。

……那么问题是，我们怎么做到的呢？

当任何人说任何事情时……

……都存在着一系列可能的意思。

那么我们怎么才能抓住正确的那个呢？

最简单的答案是利用语境……

……这为我们提供了前面章节中学过的自上而下的线索。

是啊，我的律师一定是个骗子（shark）。

啊哈！

但是因为鲨鱼生活在水里……

……而律师不能生活在水里……

……所以从字面上讲律师不能是鲨鱼。

我们从神经网络中收集语境信息。

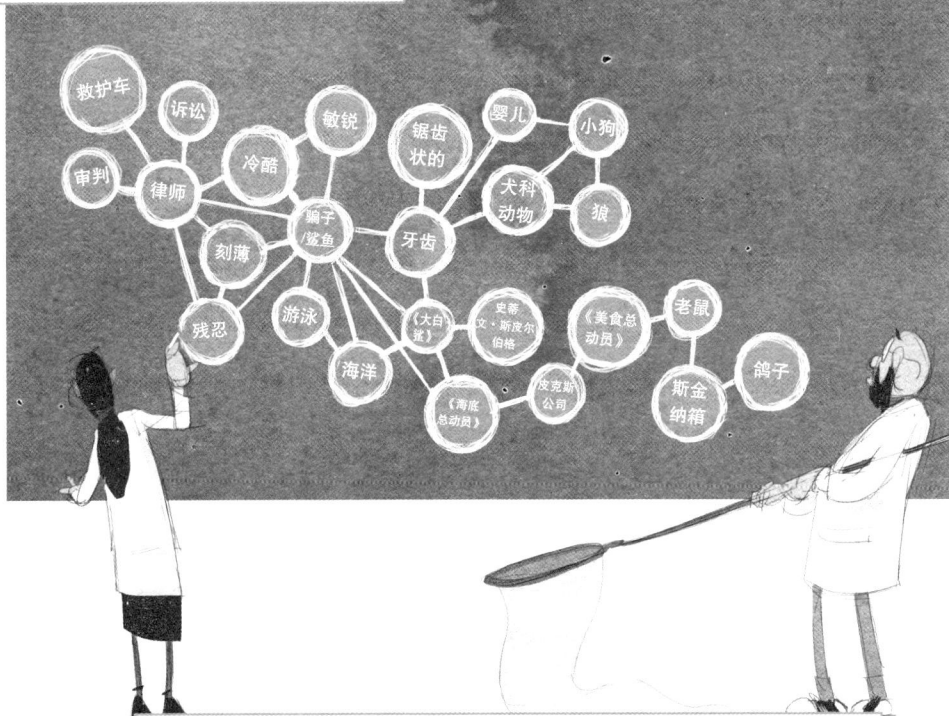

救护车 诉讼 敏锐 锯齿状的 婴儿 小狗
审判 律师 冷酷 骗子/鲨鱼 牙齿 犬科动物 狼
刻薄 游泳 《大白鲨》 史蒂文·斯皮尔伯格 《美食总动员》 老鼠
残忍 海洋 《海底总动员》 皮克斯公司 斯金纳箱 鸽子

声音进入我们的耳朵，我们利用记忆网络来推断可能的意思。

我的律师是一个骗子（shark）

他是个敏锐（sharp）、刻薄、冷酷的人……

……但是我相信他不会真的是嗜血的海洋捕食者。

但是，当这种加工方式帮助我们缩小思考范围时……

我觉得悲心。

我猜你很难受……

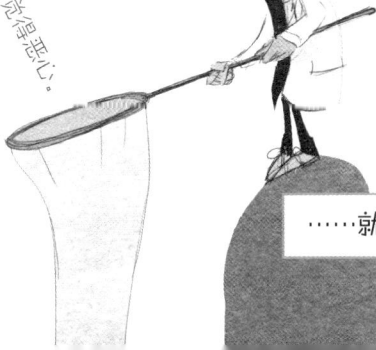

……但是你不是在说你有心脏病。

……就不那么可靠了。

151

事实上，我们对语境的依赖经常失败。

我给她喂猫粮

很高兴我是个男人，我妻子也是这么想的。

例如，有时候我们会产生语言错觉，我们的理解会随着思考的逐渐深入而变化。

玛丽给孩子一条咬着创可贴的狗。

这种叙述因其结构而模糊不清……

首先，我认为玛丽给了孩子一条狗。

但是，然后我想知道为什么狗会咬着创可贴。

……但是也别忘了其他那些让我们晕头转向的歧义句。

那个声音很模糊。

那个词义很模糊。

那个人很模糊。

那个女人爱说谎。

我们需要解开谜团的方法。

重点是，从一个人嘴里说出来的话经常是含糊不清的。
yoostoopidcritinuzpeesofcrahplayzdumcheepidioteyewisheyenevermetyoo...
啥?
所以为了弄明白，我们要借助另一种策略……
如果你听不懂她的话，那么光靠你的神经网络是不行的。
erchildrenhavtooeatthestuffthatgrowzih
meyeshoesyoocheatingsunovastinkingwahrthawg!
……那就是根据沟通的目的做出一定的假设。
你听到什么……
……依赖于你认为她的目的是什么。
yoolowzyjurk
sdayawayfrumee
Flippindipstick
心理学家称这种加工为“语用”。
或“格莱斯会话含义”……
……是用这个家伙的名字命名的……
……如果你非要知道。

只要我们在对话，我们就会利用语言策略来猜测他人的意思。

质量

我们假设人们所说的是事实。

当然，除非我们[ ]某人是个骗子

我饿得能吞掉一匹马。

啊！

但是你并不是口出狂言……

你只是用了夸张的修辞。

关系

我们假设对话是可以理解的。

所以我们就算听到了语义的间断，也会自动弥补上。

结婚的感觉怎么样？

哦……

……我爱我的孩子们。

爸爸，妈妈为什么不喜欢你？

数量

我们期待获得适量的信息。

所以如果我们获得的没有那么多……

……或者太多了……

……我们就会进行推测。

今天是星期一。你怎么给我开了张罚单？

星期天禁止停车

牌子上可没说星期一可以在这停车。

方式

我们期待清晰明了。

所以如果我们感觉模棱两可，就会试着去搞清楚。

嗯……

……他也不是那么帅。

他有点丑？

前面所说的这些不仅发生在我们倾听的时候，也发生在我们说话的时候。

我说话含糊不清……

……前言不搭后语……

……啰啰唆唆……

……而且我说得南辕……

我到底说什么

aybeeyoordehohnleewunfoorme *eyewoodnehverlookatanudderman* azlohngazeyelive

大多数情况下，我们意识不到自己在日常的对话交流过程中运用了如此复杂的理解过程。

我正在做的事就是跟你说话！

我正在做的事就是推断你的意思！

事实上，你们两个正在谈分手！

最令人惊讶的是儿童很快就可以学会这些。

如果你不好好表现，圣诞老人就不来给你送礼物喽。

好的，爸爸……

……我知道你真正的意思是如果我表现好，圣诞老人就会送给我礼物。

关于我们是如何习得语言的存在两种争论。

语言是天生的！

语言是后天的！

有的人认为我们生来就拥有这种能力……

……而有的人认为我们是在成长的过程中学会的。

那为什么语言总是在变?

语法是有世界普遍性的！

尽管如此，让我们避开那些激烈的争论……

靠听来学习语言太容易犯错了！

全靠天生的才错误百出呢！

……来看看我们是怎么学习单词的……

让我们忽略语法……

……只看词汇。

耶！

不是吧！

……因为这方面几乎没什么争议。

157

为了理解单词，我们必须从整个语言流中将它们辨识出来。

放开我的腿，不要碰我！

我太爱你了，老爸。

然而，当我们放大讲话的真实声波时……

……我们看到了各种各样的停顿，却很难分辨出一个单词的结束和另一个单词的开始。

说 "Where are the silences?"

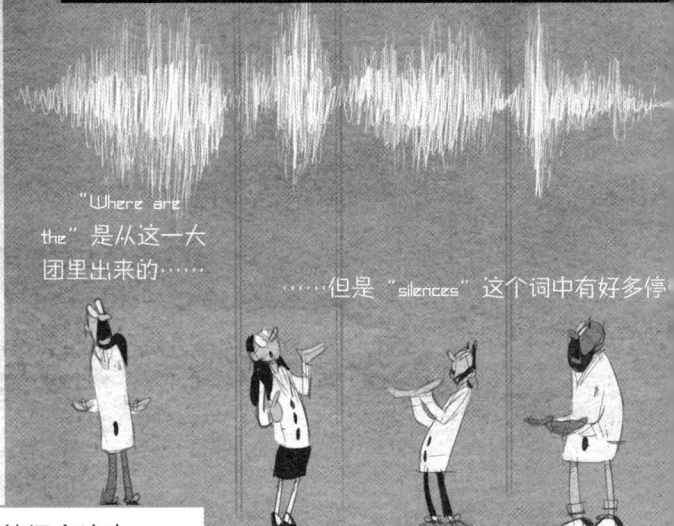

Wherearethesilences?

"Where are the" 是从这一大团里出来的……

……但是 "silences" 这个词中有好多停

那么问题来了，在这样乱七八糟的语言流中……

求求你安静一会儿！

不好意思老爸，麻烦你吐字清晰一点。

……婴儿是怎么找出单词在哪里的呢？

wenwesp **eak** weyalit **enddobem ooshym outh** ed.

她说啥？

我们说话时，发音经常不怎么清楚。

158

一种方法或许是去抓取统计规律……

例如，当我说……

...your **sugar** daddy gives **sugar** cookies with high **sugar** content to his **sugar** plum fairy...

……"gar"的发音总是出现
在"shu"的发音之后……

……但是在"gar"
的发音之后
有"da""coo""con"，
还有"plum"。

……因为它们表明了哪些音节更有可能组成单词。

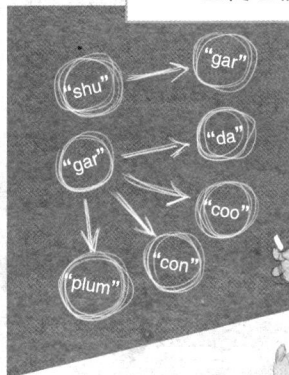

"shu"连着"gar"的可能性是1/1……

……但是"gar"连着"da""coo""con"
或"plum"的可能性都只有1/4。

所以"shugar"更有可
能是一个单词……

……而不是"garcoo"或
者"garplum"。

但是婴儿真的是这样做的吗？

我敢打赌是"shugar"。

这叫作"统计推断"！

令人震惊的是，答案是对的！

我的宝贝是
个诗人。

我的宝贝是个
艺术家。

我的宝贝是
个明星。

事实上，你们的宝
贝都是统计学家！

……心理学家给一些婴儿随机重复播放一串三个音节组成的假词……

GO-LA-TI, BI-DA-KU, RE-ME-FA, RE-ME-FA, GO-LA-TI, RE-ME-FA, BI-DA-KU, GO-LA-TI, GO-LA-TI

……直到他们觉得厌烦。

这些声音是什么？

什么都不是。

随后，心理学家改变了假词中音节的顺序……

……并且发现这引起了婴儿短暂的兴趣。

FA-GO-DA, ME-TI-BI, LA-KU-RE, LA-KU-RE, FA-GO-DA, LA-KU-RE, ME-TI-BI, FA-GO-DA, FA-GO-DA

那些不一样的声音又是什么？

或许什么都不是。

至少，这证明了婴儿能够注意到概率发生了变化……

FA-GO-DA和GO-LA-TI一样毫无意义。

切！

……但是这是否能进一步阐释我们如何习得语言呢？

你可能会认为，一种语言里有太多太多的单词了，不可能全都用这种方式来学习吧。

"ineluctable kumquat quagmire" 是什么意思？

意思是"去查字典"，你真是个笨蛋。

通过记录婴儿日常听到的声音……

……心理学家发现，他们常听到的只有大约200个单词。

我会用这个闪存记录你所有的语言输入。

谁允许你这么做了？

在这个地方我喜欢这个，他喜欢的是那个，然后要是他在的话，她喜欢的和他全都一样。你说她是怎么做到那么了解他的事情的呢……

一旦那200个左右的单词学会了，理论上讲，儿童就顺理成章地学会其他单词了。

举个例子，单词"the"通常位于一个名词前面。

一旦你的神经网络足够庞大，你就能够用它捕捉其他的单词了。

所以听到单词"the"下一个词可能是名词。

哦！

下面，让我们用一个更加有争议性的问题来作为结尾。

当我们学会了一种语言时……

……这种语言能够如何影响我们的经验呢？

过去我想的都是尿布什么的……

你所说出的语言的随意性……

……但是现在我想的都是单词。

……影响着你的思维方式！

这个问题是20世纪早期由语言学家本杰明·沃尔夫提出来的……

我称之为"语言相对论"！

……它引发了很多新奇的理论……

受压迫的人们从来没有听过"自由"这个词……

……就不会为了争取他们的自由而抗争……

……也不会上网搜索好办法。

……有争议的观点……

有些事物，如果你完全不知道用语言怎么说，那你怎么去思考它呢？

你需要一个词的话，你就造一个啊……

……比如"poopinator"！

这是我专门为你造的新词！

语言决定思想！

语言反映思想！

……以及令我们欣慰的有趣的研究。

162

为了验证语法是如何影响经验的……

现在，让我们学习语法和词汇吧！

饶了我吧。

……研究者发现在西班牙语和德语中，有的单词在一种语言中是阴性的，而在另一种语言中是阳性的。

在西班牙语中，"钥匙"是阴性的……

……但是在德语中，"钥匙"是阳性的。

在西班牙语中，"桥"是阳性的……

……但是在德语中，"桥"是阴性的。

于是，研究者请双语被试用英语来描述那些东西，结果发现单词的"性别"影响着他们的描述。

钥匙是复杂又小巧可爱的。

钥匙很坚硬，沉甸甸的，还有锯齿。

桥很坚固、高耸、庞大。

桥很美丽、优雅、纤长。

别忘了，这项研究虽然是有争议的……

语言让他们用不同的眼光来看待事物！

不！语言只是让他们用不同的方式来说明事物！

……但是它提醒我们一些重要的事情。

163

语言就像我们在学习的另一个认知工具。

这些工具不仅帮助我们从身边纷乱的世界中找到秩序……

我们都在利用自上
而下的推理……

……还有语言学……

……还有统计推论……

……来确定我们在说什
么以及听到什么。

我想我明白你
的意思了。

……也不可避免地影响着我们对所经历的每一件事情的解释和理解。

给我画！

看，野鸭！

第十章

人　格

PERSONALITY

理解他人的另一个途径是……

……描述他们。

看那两个正在发脾气的人。

你卑鄙无耻，无理取闹！

你这个唯我独尊的老妖婆！

但是在批评谩骂……

……甜言蜜语……

……以及说长道短的背后……

祸害
讨人厌
奇葩
神经病
自私
放纵
粗俗
愚蠢
偷偷摸摸

温和
沉静
慷慨
有思想
高贵
聪明
暖心
有魅力
诚实

可塑
溺爱
古怪
嘴碎
斯巴达式
腐败
怪异
补救
欺诈

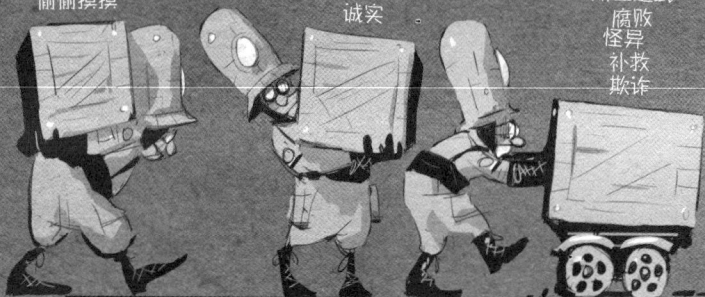

……到底存在着多少种不同的人格特质呢？

他们说我焦虑、紧张、情绪化、戏剧型，还有大悲大喜……

你觉得那都是些什么意思？

166

为了回答这个问题，早期的人格心理学家制作了一个长长的形容词词汇总表……

……表中列出了我们最常使用的用来形容他人的词。

abrasive
abrupt
absolutist
abstemious
adept
adaptable
adrift
adroit
aesthetic
affecting
ageless
aggressive
aglow
aimless
altruistic
algophobic

温和

逃避

然后，通过分析……

……和统计……

这么多词说的大概都是一个意思。

这些词有共同的特点。

随和

友好

体贴
和善
友善

与人为善
温和
和谐

……他们将之归纳为五大类。

各种各样的人格大致可以分成五大类，并称为"大五人格理论"。

它们开头的字母可以拼成CANOE……

尽责性（Conscientiousness）

宜人性（Agreeableness）

神经质（Neuroticism）

开放性（Openness）

外倾性（Extroversion）

……或者OCEAN。

根据大五人格理论，要想评价我们的人格，可以
考查我们在这五个维度上的位置。

我们都拥有这五种人格
特质，有的程度高，有
的程度低。

尽责性是对我们的自律性和组织性的考量。

我预约的是7点，
所以我来了。

但是现在是
6点45！

呃，我记得我
预约了6点？

高　　　　　　　　　　　　　　　　　　　　　　　　　　低

宜人性是对我们的合作性、宽容及友好的考量。

没问题，这是我的银
行卡，密码是1492。

有人能给我1美元吗？

另外，你需要
搭个便车吗？
还是需要食物
或者按摩放松
一下？或者别
的什么？

我不要！

高　　　　　　　　　　　　　　　　　　　　　　　　　　低

神经质是对我们如何处理情绪, 特别是负面情绪的考量.

我感觉很不舒服！我精神紧张！

我怎么知道他不是恐怖分子, 他手持钢笔看着我的样子就好像他要冲过来刺穿我的胸膛！

嘿, 没什么好担心的.

高

低

开放性是对我们如何接受新事物的考量.

有人想尝尝炸蝗虫和泡菜馅的波兰饺子吗?

高

低

外倾性是对我们和他人互动的喜好程度的考量.

派对开始！

嘘……

高

低

请记住，大五人格大体上是比较稳定的。

下午3点和凌晨3点我都会像这样。

10年后，我还是我。

在我们的人生中，虽然它们会有所变化……

……但是它们基本上是保持稳定的，即便有时候身边的环境导致我们做出不一样的行为。

尽责性随着我们日益长大而增强……

在第十一章中我们将会看到……

嘘！

……当我们年老时会有所减弱。

……外倾性的人在图书馆也会保持安静。

所以应该把它们看作特质，而不是才能。

我喜欢独处……

……但是这并不意味着你不善于交际。

我爱派对……

……但是这并不意味着你擅长参加派对。

重要的是，它们不涉及价值判断，虽然这一点经常被忽略。

随心所欲、挑剔、轻松自在、积习难改、内向……

……并不比尽责、宜人、神经质、开放、外向要差。

看到没？那个老头子一直都比我平易近人！

如果你想了解这种食品······

······问戴夫不如去问切尔西，她更具开放性。

······所以可以利用它们进行科学研究。

我们可以利用它们来做实验！

一个外向的人和一个神经质的人一起爬进斯金纳箱······

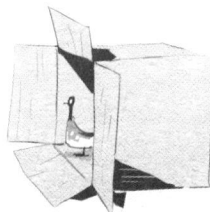

这使它们从来自古代的······　　······以及互联网上的伪心理学分类中脱颖而出······

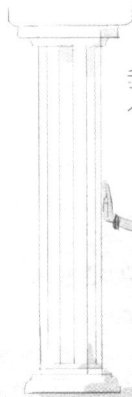

我不要刷碗，因为我是个冷漠、暴躁、乐观、忧郁的人！

你少胡扯了！

我的人格类型是ACFG······

······代表的是令人敬畏、冷酷、了不起和伟大！

······那些伪心理学的分类是没有预测力的。

我的星象上说我不应该害怕逆流而上。

我说我应该当个"咆哮帝"。

大五人格在预测我们的行为差异上做的是最好的……

长期以来，它们是我们最为稳定一致的特质。

……而其他人格特质也经得起科学的检验。

例如，我们在不择手段方面……

不公平，你作弊！

是又怎样，反正我赢了！

……崇尚权力方面……

你为什么要踩我的脸？

用不着问为什么，我是老大。

……自恋方面……

我痛恨镜子。

大多数人都驾驭不了这顶帽子。

但我可以！

……甚至在幽默个性上都有着可预见的差别。

帽子对领带说：

"你在这纠缠着吧，我上去啦"。

噗噗噗！
噗噗噗！

我们也会因动机不同而不同。

我是大山之王！

我没开玩笑。

有些人更多地受成就驱动……

我多希望能得B+啊。

要是我只得了B+，那我还不如去死呢！

……有些人受认知挑战……

走迷宫太让我头疼了。

我最爱填字游戏了……

……虽然我不怎么擅长。

……或受避免不确定性所驱动。

无论发生什么，都已经发生了。

首先我要学海洋生物学，然后在水族馆找份工作，接着嫁给一个鱼类学家。

并且有些人倾向于寻求积极的结果……

……而有些人倾向于回避消极的结果。

你下去我们就赢了！

你下去我们就不会输！

这叫作"焦点调节"。

173

有些人主动寻求不同的结果……

……与此同时有些人却喜欢被动等待。

我想统治地球。

我想画这朵花。

我想要一切，现在就想要！

太阳明天……

……照常升起

在一项经典研究中，一些小孩子被单独留在一个房间中守着一块棉花糖……

如果你能忍过15分钟，你就可以得到两块棉花糖。

……其中一些孩子能够坚持住……

……另外一些则不能。

我坐在自己的手上太长时间了。

这种对棉花糖的延迟满足的能力差距竟然预测了他们14年后的SAT成绩和BMI指数！

小伙子，你最好开始学习了。

还有证据表明我们拥有不同的能力倾向。

我是天生的。

我是努力的结果。

例如，有些人认为我们的能力是固定不变的……

……而有些人认为能力是可以通过训练提升的……

我正在努力变得手到擒来。

我手到擒来。

……这种差别也影响了我们应对挫折的方式……

如果他做起来非常吃力……

……他就会放弃。

如果她做起来非常吃力……

……她就会更加努力。

……以及我们给自己设定的目标。

他只做能够驾驭的事情。

她在自我提升的路上不断前行。

还有研究显示:我们在不同领域具有不同的能力倾向。

我天生就会骑独轮车……

……但是扔瓶子还需要很努力地练习才行。

很显然，我们的人格是错综复杂的……

这没什么了不起的……

我在大五人格量表上评分很高！

……你只是有自恋倾向而已。

……但是这并不妨碍我们对其他人做出快速的判断……

……不论正确与否。

他很容易打交道……

……而且是个很好的倾听者。

事实上，他是个精神病患者。

大量实验表明，我们非常迅速地开始评价对方……

……但是我们也会在一段时间的观察之后重新做出评判。

她判断你不值得信任只需要半秒钟。

他总是伪装成一个坏人……

……其实他有一颗善良的心。

那么问题来了：我们该怎么看透真相呢？

你觉得他能成为一个好丈夫吗？

让我们闯进他家里看看吧。

正所谓"雁过留痕，风过留声"，我们的性格也一样。

用心理学术语来说，这其中包含了"身份宣告"……

我们有意识地宣告自己是什么样的人……

……或者表现爱国之心……

……或者展示战利品……

……或者展现我们的价值。

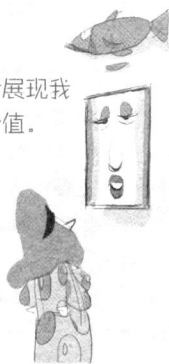

……比如通过穿特定风格的衣服……

……"情感调节因子"……

我们让身处的环境趣味盎然，并且让人感觉舒适……

……比如通过在身旁摆放家人的照片……

……或者在书桌里存放日记……

……或者把墙刷成喜欢的颜色……

……或者造一个安乐窝。

……以及更为普遍的"行为痕迹"。

这些是我们无意识的表现。

他又脏又乱。

他整洁利落。

他张着嘴嚼东西。

177

这些人格线索遍布在我们的生活空间中……

这家伙的房间简直就是个猪圈。

缺乏尽责性！

……我们的人际交往中……

……以及我们的习惯偏好中。

这个女孩在朋友圈发布了杳无人烟的荒凉风景照片。

内向！

这个人听的是说唱歌手史努比·狗狗、摇滚歌手威利·纳尔逊和PDQ·巴赫。

开放！

事实上，我们把线索散布到能够想象到的每一个地方。

让我们看看，从他的垃圾桶里能发现什么。

它们就像我们用来互相辨识的暗号。

宜人！

神经质！

这就尴尬了！

所以我们相互之间印象的准确性依赖于我们在哪发现了什么。

如果你真的想知道她有多开放……

……瞧瞧她的狗窝，而不是她的屁股。

例如，我们都善于通过观察一个人的房间来评价这个人的开放性……

……而不是通过亲眼见到他们。

他可能喜欢探索新事物……

……但是他自己倒是没说起过。

……我这么说是因为这些旅行贴纸……

还有，我们都善于通过翻看一个人的博客来评价这个人的尽责性……

……而不是通过听他们喜欢的音乐。

她是个讲秩序的人……

然而你肯定猜不到她喜欢听"死亡金属"这样的极端音乐。

……你能通过她严谨的文字看出来。

另外，虽然我们通常能够较好地分辨外倾性……

……但是我们在探索宜人性和神经质的能力上有很大的盲区。

……你从他使用复印机的方式就能看出来。

他是个"夜店咖"……

人们很少会宣扬自己的慷慨……

……或展露自己的焦虑。

当然，我们的判断也会出错。

从它的项圈颜色我敢肯定……

……它富有同情心，而且与人为善。

事实上它并不是只好狗……

……这就是为什么它住在狗窝里。

我们通过人格来解释人与人之间的多样性。

这是我的性格标签。

不论人格是先天的……

我的家人都是如此。

……还是后天的……

当然，我妻子也是支持我的。

……它们为我们指出了一条预测我们长期行为的明路。

我总是与众不同。

但是在下一章中我们会看到，如果有一样东西能让我们更加相似而不是更加不同……

……那就是可以塑造我们的环境。

如果你戴上搞怪的帽子，就可以得到免费的冰激凌。

第十一章

社会影响

SOCIAL INFLUENCE

我总是很守时，今天
好失败呀……

我们的所有行为都受到周围环境的强烈影响。

她需要支持她
的父母……

……和颜料。

我想当个画家！

尽管如此，在解释其他人的行为时，我们
倾向于忽视环境影响的事实……

……却过度看重人格的
影响。

他为什么偷
我的橘子？

可能因为他很饿，并且
橘子长在比较低的地
方，然后他也没有意识
到橘子树是你的？

不！他就是个罪犯！

这种偏差影响非常大，被称为"基本归因错误"。

当我们在解释他
人为什么在做某
事时……

……我们忘记了周围环境的影响！

虽然我们大致能够察觉到环境如何影响我们自己的行为……

……但是我们往往不会用这样的视角去看待其他人。

我考砸了是因为考试前一晚我根本睡不着觉。

她对学习根本就不上心。

在这一章中，我们将探索环境如何影响我们。

其他人是怎么想的？

顺应！

谁来领导？

服从！

我承担什么任务？

扮演你的角色！

背景环境是什么？

赶快！

我应该相信谁？

信任！

我们会更多地将关注点放在社会环境上，因为社会影响是最强大的。

我以为我只考虑了我自己。

哦，快别闹了……

……我们只是做了你为你自己考虑的事情而已。

183

顺应

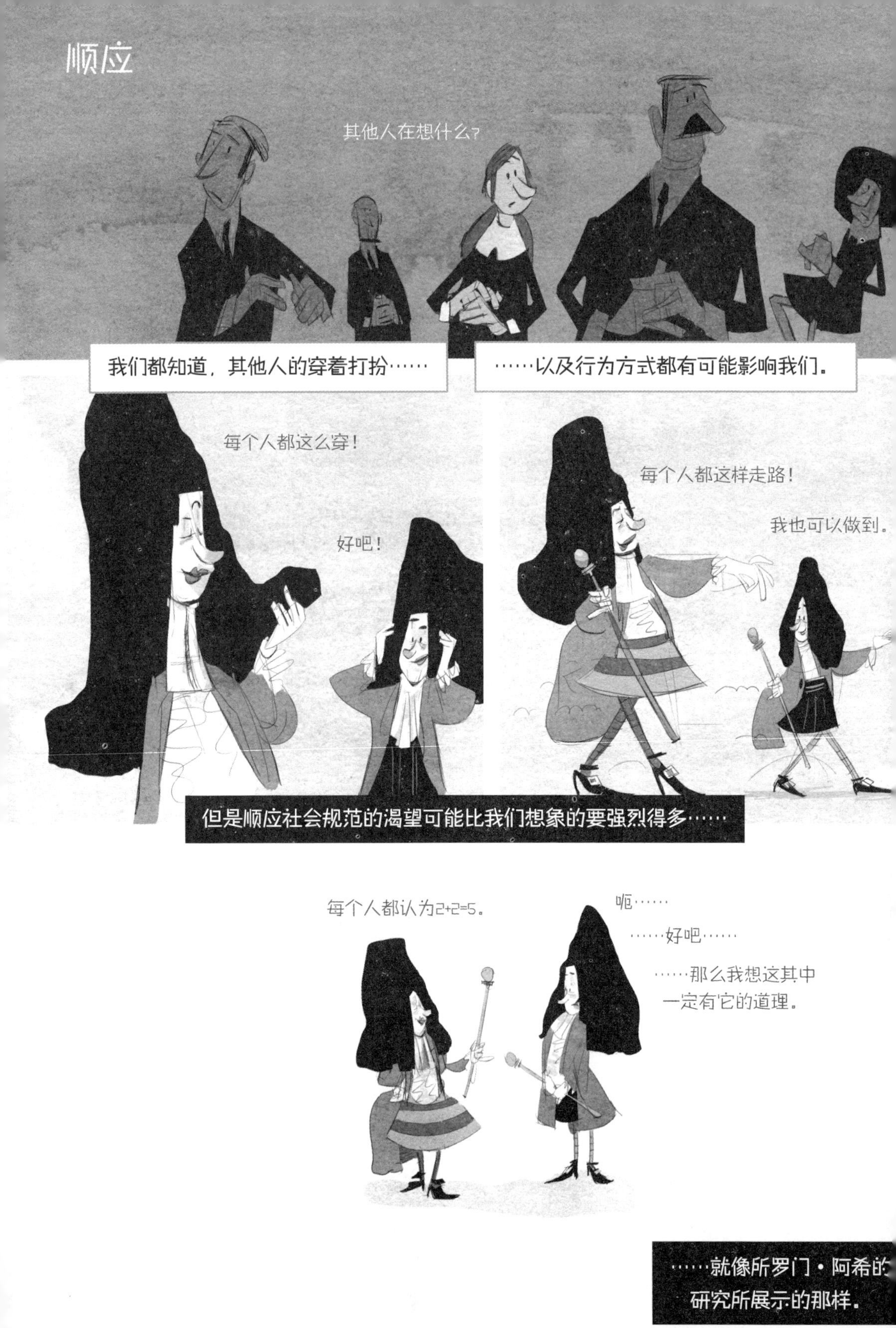

其他人在想什么?

我们都知道,其他人的穿着打扮……

……以及行为方式都有可能影响我们。

每个人都这么穿!

好吧!

每个人都这样走路!

我也可以做到。

但是顺应社会规范的渴望可能比我们想象的要强烈得多……

每个人都认为2+2=5。

呃……

……好吧……

……那么我想这其中一定有它的道理。

……就像所罗门·阿希的研究所展示的那样。

阿希将六个人带入一个房间，并问他们特别简单且显而易见的问题。

但是六个人中的前五个人都是花钱请来的托儿，他们装模作样地说出错误的答案。

1)
2)
3)

这三条线中哪条最长？

第1条啦！

当然是第1条。

我同意，是第1条。

第1条。

?!

很明显是第1条啊！

通过记录第六个人给出的是正确的答案……

……还是错误的答案……

呃……

……第……

……嗯……

……第1条吧，我猜。

……阿希发现，只有一小部分人能够抵抗住群体压力……

大多数的人都跟着群体跑了，至少在实验中的表现是这样。

……群体压力甚至会破坏我们原本的判断力。

现在每个人都这么穿……

……这么走路……

……并且倾向于认同微博推送的观点。

服从

谁来领导?

简单来说，大多数人对权威的服从可能会让人失去理智。

为了研究这一现象，斯坦利·米尔格拉姆将人们带进一个房间，房间里有一位权威人士和一台"教学机器"。

他们被告知这台机器可以对人发出电击……

你好，我是一位科学家。

这是一个教学工具。

……目的是帮助他们完成学习任务。

在另一个房间里有一个人。

如果他没能通过记忆测验，你就按这里。

"教学者"

嗞!

"学习者" 哇!

嗞!

而在另一个房间里接受记忆测验的人实际上是花钱请来的托儿，他会假装受到电击。

每当这个"学习者"在记忆测验中说错答案时……

不好意思，我答不上来。

……"教学者"就会被命令增加电压。

你确定吗？

按！

哎哟！

嗞！

状况一而再，再而三地升级。

救命啊！

你必须按，这么做很重要。

真的吗？

嗞！

不要啊！

不要停。

嗯？

嗞！

我要死啦！

调到11档！

嗞！

令人震惊的是，大约三分之二的被（"教学者"）持续地服从命令，即便电压早已达到致死的水平。

想想我的感受吧！

我心里真的很不舒服。

你就按吧！

嗞！

这个实验解释了许多真实世界中的现象。

哦，请不要这样。

对不起，我在执行命令。

187

社会角色

我扮演什么角色？

就像演员们在舞台上扮演着自己的角色那样，人们在日常生活中也扮演着自己的角色……

……并且可能引发极端的结果。

哦，我这坚实的肉体终要融化。

哦，我这悲摧的加班终要结束。

对着勋章说话，孩子。

这方面最有争议的实验就是斯坦福监狱研究……

嗨，伙计。

嗨，哥们儿。

……在那里，参加实验的大学生志愿者被随机安排扮演囚犯或者看守者……

这是你的代号和牢房号。

站成一排进行灭菌。

给你警棍和墨镜。

让他们站成一排，站直了。

……以观察这些身份和角色会如何影响他们的行为。

遗憾的是，尽管每个人都知道这只是一场角色扮演……

嗨，伙计。

嗨，哥们儿。

……但是志愿者们的行为很快就变得令人惶恐……

睡到水泥地上去！

用这个上厕所！

我们抗议！

别开玩笑了，关禁闭！

你就是个代号，别的什么都不是！

……实验不得不提前终止。

停！停！

揍你！

如果这些假装的角色都能够引起如此恶劣的行径，连原本善良的人也如此……

……那么当这些角色成为事实时，又会发生什么呢？

真对不起啊。

哪里哪里，应该是我不好意思。

这可不是角色扮演了。

背景环境是什么?

我们已经见识到了行为是如何被人际关系所强烈影响的……

……但是行为还会受到所处环境的限制。

周末的时候,我是发号施令的。

工作日的时候,我是唯命是从的。

例如,为了检验简单的一句 "赶快" 会如何改变我们的行为……

……约翰·达利和丹尼尔·巴特森招募了一些神学院的学生……

……要求他们对好撒玛利亚人的故事进行布道。

我们以帮助他人为己任。

让我来帮助这个衣衫褴褛的可怜人。

行行好吧!

参加者被安排去附近的一处建筑中进行布道……

……但是其中一部分人时间紧张，不得不匆忙赶路……

你就要迟到了！

赶快！

……于是这成为他们不去帮助设计好的瘫倒在半路上的人的唯一原因。

对不起，我要迟到了，我得赶紧走。

帮帮忙吧！

在这个案例中，情境的影响明显压制了他们的人格因素……

匆忙……

……让你对不起神职的身份！

……而生活中充满了类似的例子。

你在吃什么垃圾食品？

不，我就是饿了。

说服

我应该相信谁?

最后,即便我们总是以某种方式行事……

……也时常会被说服并改为另外一种方式。

我只做我想做的事情。

我魅力四射。

你怎么说我就怎么做。

有时候我们会被重要的新信息所说服。

那个证据会为你有利的形势加码。

但是我们也会被一些不知所云的信息所说服……

……仅仅因为它吸引了我们的注意……

……或者被完全不是那么回事的主张所说服……

……仅仅因为它听起来像是在解释。

调查显示,谋杀案的标准差提升了!

听上去挺不得了的……

……一定是这样吧。

你应该相信我,因为我是你可以相信的人!

听起来挺有说服力的……

……那就相信吧。

另外,当我们面对稀缺的事物时,就会变得更好骗。

机会难得,前所未有!

听上去很难得啊……

……我要买

显而易见，由更具吸引力和亲和力的人提出的诉求会更容易达到效果……

香水为她加分。

……因为我们都想合群。

我喜欢你。

我相信你。

这就是为什么我们会互惠互利……

……并且愿意做出妥协和让步。

我给你的后背抓痒……

……现在你能帮我抓痒，并且通过我开个银行账户吗？

好的。

我开价50万美元，你拒绝了我。

那我退一步，降价到30万美元好了。

我最好接受这个价钱，否则就太不明智了。

这也是为什么，如果你想要促成某种特定的行为……

……只要简单地宣称其他人已经在这样做就可以了……

……并且越具体，形象越好。

我们希望人类能更加环保。

80%的人已经开始循环使用……

……那个牌子苏打水的饮料罐了。

或许，最厉害的说服技巧依赖于我们对保持一致性的强烈渴望。

真不敢相信我竟然听你的话坐过山车。我在上下翻滚时一定不能害怕！啊啊啊啊啊啊啊啊！

在前面的章节中，我们已经看到了我们的动机对认知……

你相信你的神经网络是正确无误的……

……所以你忽略了那些与你的信念对立的证据。

这叫作"证实偏差"。

……以及元认知的影响。

我一开始就知道是那样的。

这叫作"事后聪明偏差"。

但是这也会影响我们对自己的行为的理解。

我认为我的信念和我的行为是非常契合的。

这就是为什么，当我们在做决策时，往往会借鉴先前的行为。

和以前点一样的就好。

找到我真正喜欢吃的实在太麻烦了。

很好的选择。

然而，如果我们的行为和我们的信念不契合，就会发生认知失调……

……这是我们想尽力避免的。

我不是能做这事的人！

我的头受伤了！

所以，当环境引发我们改变行为时……

……我们往往会通过改变自己的态度来适应。

我不得不去这个连锁超市购物了，因为它开在了我去新办公地点的路上。

这个连锁超市其实看起来也还不错。

这种方法可以用来说服人们。

如果你想让人们为某事付出很多，但是他们却不愿意……

……你可以从要求他们做一件小·事情开始……

你愿意把这块大牌子放到你家的草坪上吗？

你疯了吗？

来买书吧！

你愿意把这块小·牌子放到你家的草坪上吗？

哦，好吧。

……因为他们原本会说"不"的事情通常可以被让他们觉得"好"的事情一步步地反转。

现在你愿意把这块大牌子放到你家的草坪上吗？

来买书吧！

好的，但是那只是因为我是个一以贯之的人。

这就是"登门槛技术"。

总之，人格似乎只是人与人之间差异的基础原因……

……还有很多其他原因。

有的人喜欢这只……

……而有的人喜欢这只。

但是我们所有人的相似性明显多于我们的差异性。

为了更好地理解为什么人类如此行事，我们必须考虑到他们所处的环境……

我们不会掉进去……

……因为我们为了适应这个环境而改变了我们的行为！

危险！
前方有大坑！

……特别是社会环境。

你为什么也会在这？

所有人都跳进来了啊。

接下来，我们将看到做判断时我们容易犯的其他类型的错误。

第十二章

刻板印象和群体

STEREOTYPES
AND GROUPS

在有关"思维"一章中，我们学过了如何为了节省心理能量而将物体进行聚类……

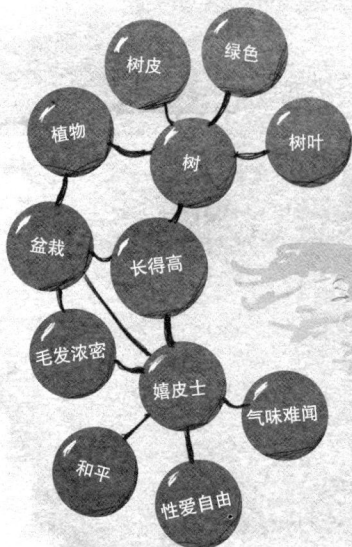

这是认知经济学原理。

树有树枝和树叶，并且长得很高。

树皮
绿色
植物
树叶
树
盆栽
长得高
毛发浓密
嬉皮士
气味难闻
和平
性爱自由

……那么现在我们将以同样的方式对人进行分类。

嬉皮士就是散发着异味、头发老长、个头很高的人。

这叫作"刻板印象"。

"刻板印象"是指我们对一个特定的群体成员所固有的一系列联想。

法国人讲法语，吃法式面包。

教授都是穿着粗花呢西装又自命不凡的人。

婴儿闻起来就像一屁，干啥啥不行。

一方面，这些联想对于我们的社会功能来说是必要的……

……但是另一方面，它们也会产生各种各样的问题。

我通过你们群体的特点来预测关于你的事情……

……以及你是否比我重要。

……例如，你讲什么语言……

对于陌生人来说，许多刻板印象都无法准确反映现实。

法式薯条太油了……

……法国人一定也很油腻！

如果这些印象与现实相符，那只能说这个人太大众化了。

个矮的人够不到自动取款机……

……我们不应该放心地把钱交给他们。

因为我们通常只根据非常有限的证据来建立刻板印象……

我遇见的第一个海盗有胡子……

……现在我认为所有海盗都有胡子。

……所以这些刻板印象有可能会造成可怕的结果。

并且我认为所有有胡子的男人都是海盗！

你属于女孩子群体。

而我属于聪明人群体。

……在本章中，我们将通过检验社会群体效应如何影响我们……

……以及被我们归为一类的人群，来厘清这些乱象。

喜欢艺术

喜欢粉色

芭比娃娃

数学不好

女孩

糖果

和善

情趣

我比你想象的要更聪明。

是的，你也比你自己想象的要更聪明！

喜欢蓝色

喜欢运动

男孩

特种部队

擅长科学

剪刀

尾巴

蜗牛

和其他心理联想类似，刻板印象发挥的是自上而下的作用，影响着我们所看的……

……我们所记的，以及我们所说的。

我小时候，学校都是巫婆开的。

穿黑色衣服

恐怖

巫婆

吃没爹没娘的孩子

穿黑色衣服

呵斥孩子们

修女

抚养孤儿

老爸，那是修女！

刻板印象帮助我们拨开云雾见青天。

斧子

变态杀人狂

红色的鲜血

恐怖

斧子

樵夫

红格子

巨蟒剧团

嚯，吓我一跳。

不幸的是，因为刻板印象会指引我们去预测其他人的行为……

……所以在错误的情境中，这些联想可能会造成惨痛的误解。

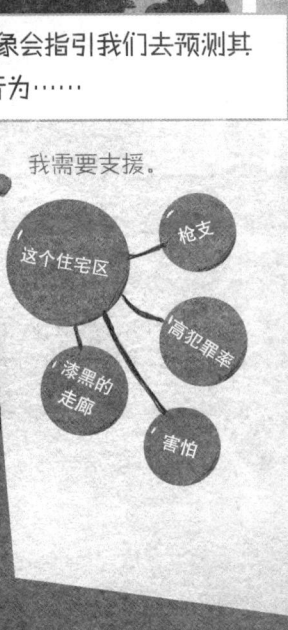

我需要支援。

这个住宅区

枪支

高犯罪率

漆黑的走廊

害怕

抢匪

我们的家

"砰"

玩具枪

手枪

这些强烈的影响在实验室研究中得到了再现。

我们怎样解释其他人的行为……

……取决于我们认为他们归属于哪个群体。

例如，如果你让人们待在一个房间里，并且请他们解释一个含糊不清的故事……

"他一边摇摇晃晃地走过去，一边瞄着她"，你怎么看？

……他们的反应将会受到与刻板印象有关的线索的影响……

对了，他的名字叫 "Boris"（常见的俄罗斯人名）。

他一定是个酗酒的俄罗斯人！

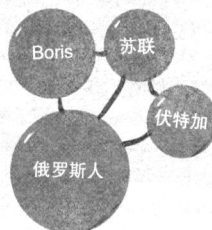

Boris　苏联

伏特加

俄罗斯人

……即使他们自己意识不到。

对了，他的名字叫 "Guido"（常见的意大利人名）。

他一定是个"黑社会"！

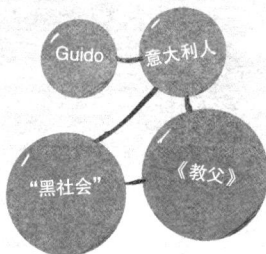

Guido　意大利人

"黑社会"　《教父》

这种启动效应有助于解释为什么刻板印象在面对相反的证据时依然顽固不化。

对了，他留着胡子。

他一定是个海盗。

所有留胡子的男人都是海盗！

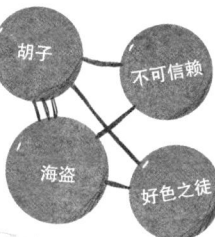

胡子　不可信赖

海盗　好色之徒

群体联想也会影响沟通链。

嘀嘀咕咕……

嘀嘀咕咕……

嘀嘀咕咕……

这又是一个传话游戏！

我们可以在关于谣言散播的研究中看到这样的现象：

如果你给一些人看一张无刻板印象的图片……

……然后要求这些人把对图片的话语描述讲给从未见过这张图片的人……

……听到描述的人继续讲给下一个人听，就像传话游戏一样……

一个修女拿着枪抢劫一个恶棍。

有一起抢劫案、一个修女和一个恶棍。

……如此下去……

……用不了多久，描述的细节就会偏向于遵从刻板印象了。

有一个修女、一杆枪和一个恶棍。

抢劫　枪　凶残　恶棍

阿尔·卡彭对特蕾莎修女开枪子！

说得通　不是巫婆　和平　温良　修女

换句话说，仅仅通过相互交谈也能让我们加深刻板印象。

一个脸刮得很干净的船长控制了一艘海盗船。

传下去……

嘀嘀咕咕……

嘀嘀咕咕……

嘀嘀咕咕……

所有留胡子的男人绝对都是海盗！

这是众所周知的。

这种基于群体的推理是很难避免的，并且可能产生不良的社会影响。

快看，有一个海盗！

事实上，这叫作"证实偏差"。

例如，一项经典的研究发现，就算是伪分类也会产生与"自证预言"类似的效果。

如果你相信它是真的，它就会变成真的。

当教师被告知他班上的一些学生具有"巨大的潜能"时……

……即便这样的认定毫无现实依据……

心理测验的结果显示，约翰尼是非常聪明的。

斯普林特是个有潜力的学生。

强尼也算一个。

……教师也会给予那些学生更多的关心和注意……

……结果,这些学生比其他同学进步得更快。

约翰尼，我期待你取得更好的成绩。

哇，我得了A！

我就知道你能行。

这就证明仅仅认为一个学生会进步，他就真的会进步。

令人难过的是，刻板印象很少像这样发挥积极的作用。

心灵拥有非常强大的力量。

真倒霉，我只得了C！

那是因为你资质平平。

很显然，消极的刻板印象对于被刻板印象笼罩的人来说是特别可怕的……

……因为他们有可能会发生自证预言那样的事情。

我的申请被驳回了……

我的抵押贷款被拒绝了……

我的投稿被忽视了……

我大概只能去抢劫了。

打劫富人

醉酒

留胡子

疯狂

海盗

我？

朽木不可雕

不可信赖

当别人对我们的看法改变了我们自己的行为时……

……那就有可能让那些看法成真。

她不喜欢我，所以我要躲着她。

他从来都不跟我说话，所以我不喜欢他。

这陷入了一种反馈循环……

那个家伙看起来紧张兮兮的……

……他一定有什么事。我要跟着他。

那个警察跟着我……

……让我好紧张。

……当更多的人卷入进来时所产生的巨大效应让人不可轻视。

你们这些人不尊重我们！

最可怕的自证预言之一是刻板印象威胁。

也就是说，当你被负面的刻板印象所笼罩时……

……你就会被逐渐摧毁……

所有人都知道格雷家的男孩不擅长拼写。

"racial injustice"怎么拼？

呃……

……你被强塞进额外需要担心的事情……

这带来另一种纠结！

"Ratial"？

"sh"的发音

"Racial"？

这会增加你的认知负担……

"Rashal"

所有人都认为你不擅长拼写！

……减少你可用于当前任务的心理能量。

……并且扼杀你的动机。

如果每个人都认为我不行……

……或许我真的不行。

我们在有关"动机"的章节谈到过的。

幸运的是，即便这种效应恶化了世界上的许多不公正，但是它也是可以被克服的。

在我小的时候，女孩都不擅长数学和运动……

……但是那样的日子已经结束了！

205

其实我们的群体认同感并非都是不好的。

这艘船就像我的家。

我们是一家人。

我们在群体中分享共同的兴趣……

……目标……

……宗教信仰……

……以及其他社会支持网络。

我们走吧，去打橡子！

我们来酿酒吧，兄弟们！

让我们一起祈祷！

让我们大家为白胡子老人死去的鹦鹉默哀。

遗憾的是，无论是什么把我们归类在一起，我们都会强烈地认为自己群体的成员更好……

……而其他群体很差。

我们

他们

心理学家通过将人们随机分组的方式来进行研究……

正面戴帽子，背面不戴帽子。

……然后将他们置于稍有竞争性的情境中……

哪组把我的办公室打扫得更干净，哪组获胜。

……并且观察他们随即对情境的解释方式，发现他们更认同自己所在的群体成员。

虽然不戴帽子的凯文打扫的地方更多……

……但是戴帽子的卢克负责的区域原来更脏，所以他付出了更多的努力。

懒

狡猾

不好

瑞秋

凯文

他们

不戴帽子

努力工作

诚实

戴帽子

好

乔斯

卢克

我们

人们被这样分类后也会更容易注意到他们群体内部成员之间的差异……

……并且更有可能假设其他人都是一样的。

戴帽子的卢克喜欢汉堡。戴帽子的阿妮塔喜欢比萨。

所有不戴帽子的可能都喜欢墨西哥卷饼。

当然，所有这些都让我们更容易相信负面的刻板印象。

如果我们假设他们都是克隆人……

……就不用费劲地挨个比较了。

成为群体中的一员也会让我们以其他方式曲解我们的行为。

在我成为海盗之前，我从来不会让你做那样的事。

当我们从属于群体之中，我们就倾向于做出加强群体属性的选择……

对不起，萨利，放学后我再也不能跟你玩"过家家的"游戏了。

我每天都要练习。

而且周末我要去健身房。

……而且我们可能会使用社会压力来让我们的群体成员变得更加狂热……

我们不再做普通的瑜伽了。我们做的是超级瑜伽。

你要加入还是不加入？

……和更加笃信。

蟑螂汽车旅馆 ROACH MOTEL®

呃，我们不用先在点评网上查一查吗？

不用！这是我们投票表决出来的地方。

这是我们团队的智慧决定。

群体商讨的结果还可能导致我们做出更极端的决定……

让我们走到3米的地方吧。

6米怎么样？

或者走10米到饥饿的鳄鱼上方！

钢索

……特别是当我们认为群体已经做出决定了而三缄其口的时候。

听起来好恐怖啊……

……但是既然其他人都没有出声，一定是大家都觉得没问题。

心理学家称这种行为模式为"群体思维"……

我还是我吗？难道说群体力量小于其成员力量之和？

嘘——！不能那么说，小心你被踢出去！

……扎堆犯傻的例子每天都在上演。

我们强大得连自己都觉得害怕。

209

在某种程度上，我们赞颂自己的群体，不信任其他群体，因为这样的行为是我们的生存之道。

给我手撕了他们！

冲啊！打败他们！

上啊！圆点'军团'！

上啊！条纹'军团'！

有一种理论被称为"刻板印象内容模型"……

刻板印象有两个基本的维度……

……热情和能力。

……该理论认为我们评判其他群体的一个重要参考是预测他们和我们会产生怎样的竞争。

如果我们认为他们有极大的热情但是能力水平很低……

……那就不用担心！

如果我们认为他们有很高的能力水平但是很冷酷……

……那就很恐怖了！

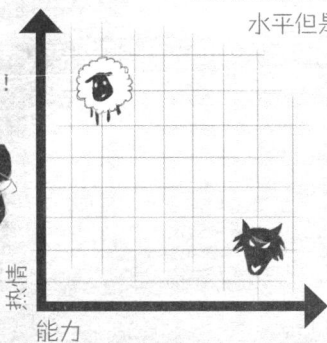

热情

能力

无论刻板印象有多么义正词严，它们都会从我们的基本认知建构中冒出来……

……它们深入骨髓，难以拔除。

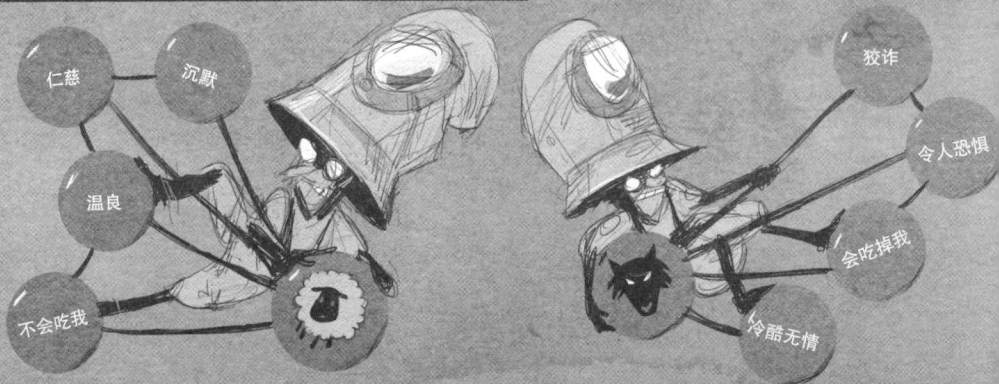

仁慈

沉默

温良

不会吃我

狡诈

令人恐惧

会吃掉我

冷酷无情

减少负面刻板印象的方法包括鼓励人们对彼此重新分类……

……或者对更高级别的分类进行再认知。

你是绵羊，所以你一定很温柔。

不，我是外科医生，所以我很犀利。

虽然我是狼，你们是羊，但是我们都是哺乳动物。

另一个方法是关注人们的个人特质……

……以及环境……

美咲看起来很温顺，但她是个台球高手。

德米里特迟到了，因为他还兼职教瑜伽。

……简单地说就是去见识更多不同的人……

……虽然也有可能适得其反。

艾哈迈德，这是你烤的饼干?!

这是"接触假说"！

我见过的所有狼都是嗜血成性的。

但是所有这些方法都很费脑筋……

饼干

瑜伽

折纸

艾哈迈德

台球

霉西娅

德米里特

美咲

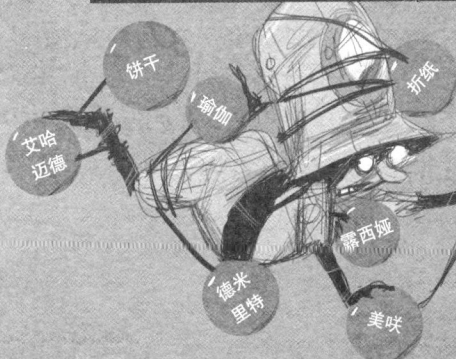

别忘了，我们一次只能记住7（±2）件事情。

……所以我们几乎不会使用这些方法。

正如我们在本章中所看到的，刻板印象和群体假设都是帮助我们保存心理能量的认知捷径……

对不起，珍妮，我现在没有足够的心力去爱你……

……所以我只能把你当作食物看待。

这就是认知经济原理。

……也就是说，当我们面对资源有限的情况时，会更多地使用这些认知捷径。

这不是我的错，只是你让我感到饿了！

我的食物、力量、想象力和时间都很有限。

所以，如果我们想要为种族、性别、宗教暴力以及其他棘手的群体社会问题而战时……

羊可以爱上狼……

……鸡可以爱上黄鼠狼……

……大象也可以爱上驴……

……我们要做的事情将会很多很多。

我们需要减轻每个人的认知负担！

尾声

当故障发生时

WHEN THINGS
AREN'T WORKING

在本书中，我们分析了形形色色的人类体验，包括我们如何形成记忆……

……产生感受……

……分享观点……

你掉了这个！

当我靠近你的时候，我的身体感到毛骨悚然。

鸭子！

……犯错误……

……犯更多的错误……

……等等。

可得性偏差让你产生了错误的观点……

……证实偏差给了你支持性的证据……

……接着，社会影响帮助你影响其他人。

但是我们还没有谈及心理学的所有方面。

还远远不够。

要记住，心理学涉及人类经验的所有方面。

我们所研究的只不过是沧海一粟。

《人生的漫画百科全书》

心理学还有其他很多有趣的研究领域……

……因为人的心灵是无与伦比复杂的。

例如神经科学……… 人工智能……

……爱情……

……音乐

……急性创伤……

……亲子关系……

……儿童发展

……催眠……

……睡眠和梦……

……数不胜数。

无论什么你都可以倒进去。

它就像一块海绵。

对于心灵是如何工作的我们真的只了解了一点点。

你一次只能塞进7个东西。

要想塞进更多，你必须将一些东西合并。

他的名字

他的鼻子

他的眼睛

他的电话号码

他的头发

他的微博账号

他的口音

他从哪里来

无论如何，我们正在研究的东西能够帮助我们了解为什么心灵有时候会出故障……

有什么东西堵住了！

这就是"变态心理学"！

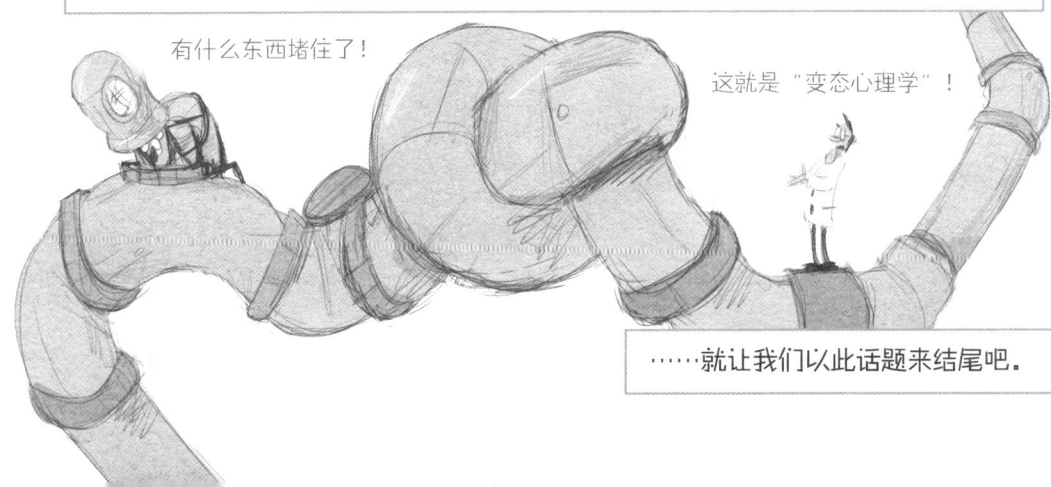

……就让我们以此话题来结尾吧。

遗憾的是，许多人在想到心理学的时候，都会想到心理异常。

看，他是个"精神病"！

更糟糕的是，当人们想到心理异常的时候，就会想到疯子、精神病人……

……如果说这是一种刻板印象的话，那么它就是负面的刻板印象。

心理学

异常

疯狂

不可信赖

成瘾

心理能力弱

传染

不平衡

不速之客

自暴自弃

走火入魔

为什么要把他们关起来？

这样他们就不会传染我们了。

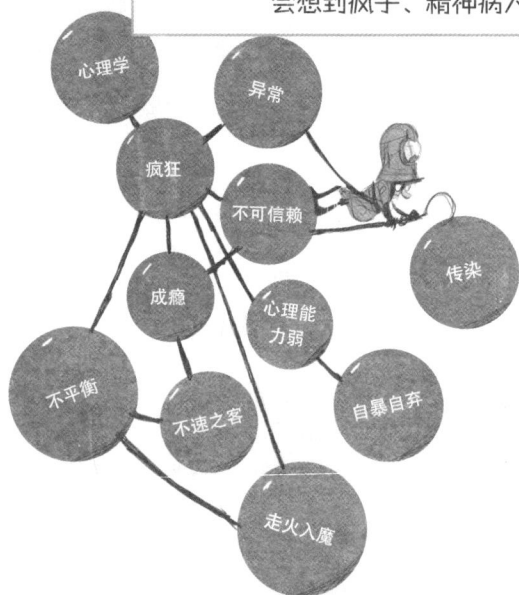

在过去的年代里，心理疾病背负着巨大的污名，也带来过可怕的伤害……

……即使是那些认为自己在帮助别人的人也在犯这样的错误。

她奄奄一息……

……还胡言乱语。

20世纪70年代

烧死她！

20世纪90年代

给她做脑叶切断术！

随着这些污名持续引发无端
的痛苦……

……当代对于心理异常的看法要友善得多。

你不正常！

你有那么一点
儿与众不同。

因为现在我们认识到，正常和异
常是交织在一起的。

于是，通过分析心理问题……

……我们对正常的心理功能有了更多的认识。

这个男孩什么也记不
住是因为他没有有意
识地去注意……

……所以或许我们有独立
的记忆系统来对应有意注
意的……

……和无意注意的事情。

反过来，研究我们的心理系统如何正常工作……

……也让我们更多地了解为
什么有时候它们会停工。

知道怎么把球
抛好……

……能帮助我们
知道为什么有时
候抛不好。

217

例如，当进一步了解我们的情绪系统时……

事件 　　生理唤起 　　解释 　　情绪

……我们也认识到它们失控的方式。

……恐惧……

……焦虑……

比方说抑郁……

……以及愤怒障碍……

……情绪可能缺失，也可能爆棚。

同样，对认知功能的进一步了解……

我们对输入的内容进行编码……

……并且利用自上而下的经验来填补空隙。

……让我们更好地认识思维和逻辑问题。

……失语症……

……失认症……

比方说失忆症……

……以及幻觉……

……自上而下的信息可能过剩，或者丢失。

218

随着我们对社会意识的理解不断拓展……

我们的行为很大程度上是由我们的社会关系塑造的。

……我们也会了解多种形式的社会问题。

……自恋型人格障碍……

……反应性依恋障碍……

……社会联系可能过于疏松，也可能过于紧密。

比方说孤独症……

……以及反社会人格……

如前所述，所有这些情况都不是简单明了的。

BWAAH! OWAAH!

喱！喱！

船长，所有的系统一下子都失灵了！

……船长？

事实上，我们的心理能力通过各种各样的方式来发生交互作用……

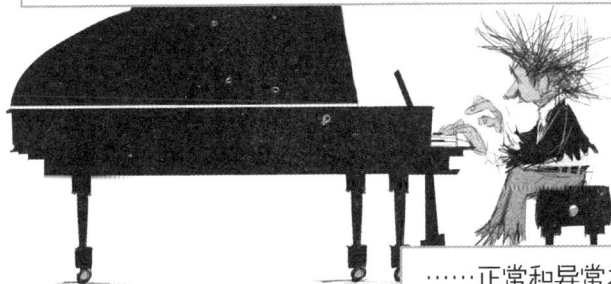

自从他聋了以后，他变成了一个更厉害的钢琴家。

……正常和异常之间的界限经常是模糊不清的。

变态心理学的案例都发生在一定的范围之内。

我们都害怕松鼠。

那是松鼠恐惧症！

有极端的……

啊啊啊啊！

……中等程度的……

真糟糕，我一天都不开心！

……也有轻微的。

我得绕路走。

虽然我们惊讶于特殊的案例……

……然而沿着一条标尺一直往下走，就会走到被称为"正常"的地方。

我丈夫以为我是个衣帽架。

那是失认症！

我丈夫对待我就像对待一个衣帽架！

那是婚姻！

所有这些都意味着变态心理学……

……和标准心理学之间的差异……

我的脑子里有声音告诉我要做什么。

那是精神分裂症。

我时常和自己对话。

那是完全正常的。

……大多只是量上面的不同而已。

使用武力，卢克。

听上去简直是疯了……

……但是在这样的情境下，或许这是最好的选择。

这或许能帮助我们去想象心理疾病带来的痛苦。

松鼠离我越来越近，我觉得它能一下子跳到我脸上，我就开始害怕。

我一直都在害怕。

221

所以，即使心理学中仍然有很多很多我们无法理解的东西……

为什么你是罗密欧？

我可以写本书。

……从事情的运行机理……

什么是意识？

是什么赋予生命以意义？

我的队伍为什么总失败？

……到什么时候出故障。

精神类药物为何会起作用？

当一个人患上痴呆症时，他的记忆怎么了？

为什么会有人试图品尝声音的味道？

我们已经拥有了坚实的基础。

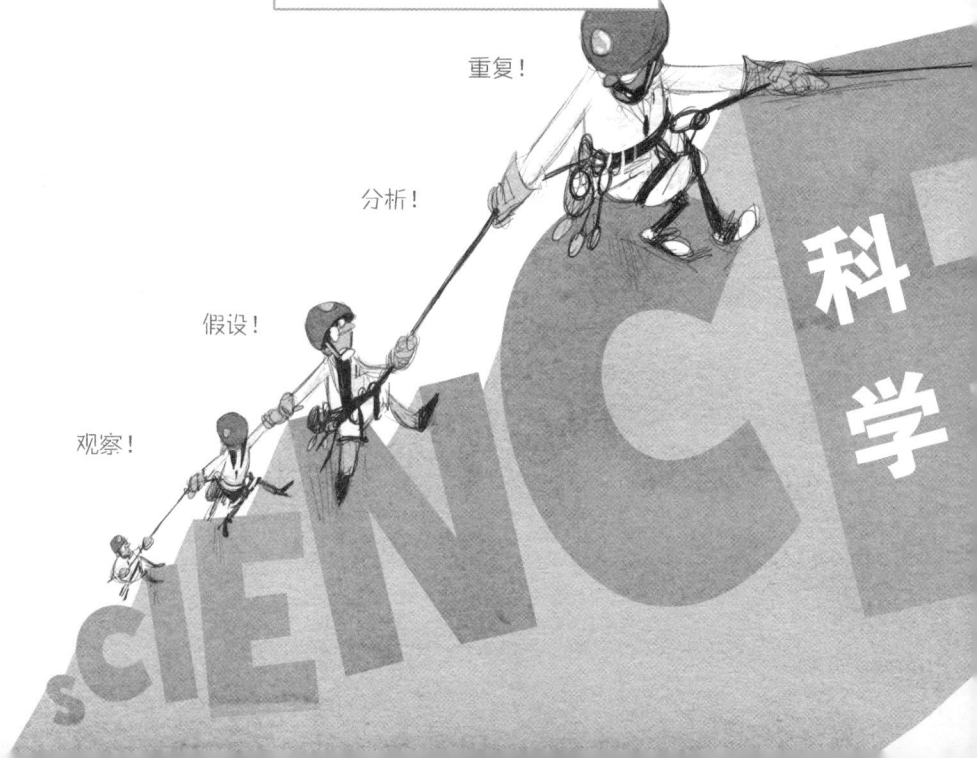

重复！

分析！

假设！

观察！

科学

SCIENCE

我们正在逐渐理解是什么让我们有惊人的知觉……

……智力……

……和同理心……

我看见你了！

我明白你的意思！

我能感觉到你的感受！

……与此同时，世界依然如此疯狂。

我们到底在这干什么？

但是在人类的心灵中还有更多的神秘领域……

接下来会发生什么？

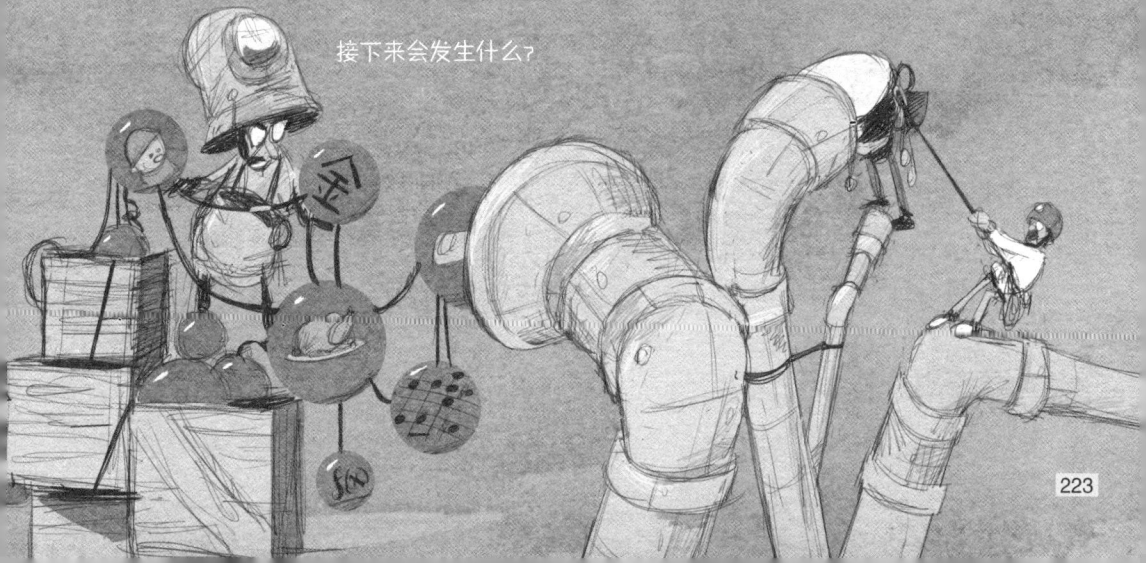

……等待被发现。